Guido Frölich
Imkern in der Oberträgerbeute

Guido Frölich

Imkern in der Oberträgerbeute

natürlich – einfach – anders

32 Fotos
29 Zeichnungen

Inhalt

7 Alles anders – die Oberträgerbeute

- 8 Motivation: Imkern aus Liebe zur Biene
- 8 Leichtgewicht statt Schwergewicht
- 9 Und die Bienen?
- 10 Natur pur – ja und nein
- 11 Was die Oberträgerbeute kann und was nicht
- 13 Wie sieht die Zukunft der Honigbiene aus?
- 14 Verantwortlich für unsere Welt
- 14 Faszinierend: nicht nur die Honigbiene
- 15 Meine Wahl: die Oberträgerbeute
- 15 „Ein Imker kann alles gebrauchen"

16 Auf der Suche nach der richtigen Beute

- 16 Es geht auch anders
- 16 Die Raumordnung im Bienenvolk
- 18 Energetisch ideal, die Kugel- oder Eiform
- 18 In der Oberträgerbeute
- 19 Wenn die Ordnung gestört wird
- 19 Der Futterkranz
- 20 Imkern mit alternativen Beuten
- 20 Nachhaltigkeit und Betriebsweise
- 21 Neue Vielfalt ist gefragt
- 22 Veränderung schafft Möglichkeiten
- 22 Intensivierungsdruck gering halten
- 22 Mobilbau durch Oberträger
- 23 Oberträgerbeute und Ergonomie
- 23 Kleiner Exkurs: Heben und Wiegen
- 24 Allein oder zu zweit?
- 24 Das Maß aller Dinge: die 12,5-kg-Eimer-Wirtschaft
- 24 Immer schön ausgewogen
- 24 Das Wabenmaß – damit müssen Sie rechnen
- 24 Bienenknigge und Dresscode

26 Arbeiten mit der Oberträgerbeute

- 26 Entnahme nach oben
- 26 Verschiebung im Block
- 26 Waben lösen
- 28 Waben ablegen
- 28 Waben lagern
- 29 Waben von Bienen befreien

30 Arbeiten im Bienenjahr

- 30 Imkerliche Betriebsweise
- 32 Betriebsweise bei der Oberträgerbeute
- 33 Vorausdenken ist angesagt
- 33 Die Durchsicht
- 33 Der erste Blick
- 34 Rauchgabe
- 34 Immer der Reihe nach
- 36 Wabenkontrolle und -pflege
- 36 Trimmen
- 37 Wabenabrisse
- 37 Waben stabilisieren
- 38 Bodenreinigung
- 38 Checkliste
- 40 Waben bearbeiten
- 40 Trick 17: Wenn die Bienen nicht wollen
- 41 Waben lesen wie ein Buch
- 42 Start im Frühjahr
- 42 Wenn ein Volk weisellos ist
- 42 Wichtige Varroabekämpfung
- 42 Bienenversorgung im Sommerurlaub
- 43 Völkerführung
- 43 Völkerzukauf
- 44 Völkervermehrung
- 44 Ein Nullsummenspiel
- 44 Vermehrungsverfahren
- 45 Flugling
- 47 Freiluftschwarm nach Taranov
- 48 Freiluftschwarm nach Sklenar
- 48 Fegling
- 50 2x9-Methode nach Golz

Inhalt 5

50 **Natürliche Vermehrung bei Honigbienen**
50 Nachschaffung
51 Das Königinnenpheromon
51 Und andere Duftwelten
51 Das Schwärmen
52 Ein echter Verlust

53 **Schwarm einschlagen**

54 **Schwarmlenkung**
54 Populationsmanagement

55 **Krankheiten beherrschen**
56 Hauptfeind Varroamilbe
56 Milbenbefall mit der Windel abschätzen
57 Vorgehensweise bei der Puderzuckerkontrolle
58 Behandlung mit organischen Säuren – Gib ihnen Saures!

61 **Königinnenzucht, ja oder nein?**
62 Umlarven
63 Junge Königinnnen – echte Prinzesschen
63 Die Königin im Volk finden

64 **Organtransplantation – Zusetzen von Königinnen**
64 Vorteile einer systematischen Königinnenerneuerung
65 Umweiseln
68 Wohin mit den altgedienten Majestäten?

69 **Auffüttern**
69 Zuckerwasser
71 Futterteig
71 Mäusegitter
72 Wespenschutz – ein Ausfalltor für die Bienen

74 **Das Drumherum**

74 **Der richtige Platz**

75 **Arten der Aufstellung**
75 Hauptsache gut verdrahtet
75 Pfähle setzen
76 Der richtige Dreh
76 Höhenverstellbarkeit leicht gemacht

77 **Bienentränke**
78 Wo Wasser ist, da sind auch Mücken

78 **Geräte**
78 Stockmeißel
78 Fugenkratzer
79 Smoker
79 Spacer

81 **Standortwechsel und neues Einfliegen**
81 Mit der Standortprägung manipulieren
82 Eine Winterreise
82 Rück mal ein Stück!
82 Achtung Notausstieg!
82 Völkerwanderung
83 Tipps und Tricks für den Beutentransport
85 Die Rettungskapsel

86 **Konstruktion und Selbstbau**

86 **Vorsicht beim Recycling von Holz**

86 **Das Material**

87 **Maße der Beutenteile**

88 **Das Werkzeug**

89 **Oberträger herstellen**

90 **Boden und Wände sägen**

90 **Das Dach**

91 **Variationen der Grundkonstruktion**
92 Varianten für Ableger und Zucht

93 **Fluglöcher**
93 Löcher bohren
94 Farbenspiel

94 **Schied**
95 Rampe

96 **Mehr Honig? Mehr Natur?**
96 Öko-Unterboden
96 Honigzarge

99 Schätze aus dem Bienenvolk

- 99 Honig aus bebrüteten oder unbebrüteten Waben gewinnen?
- 99 A propos Hygiene
- 100 Beim Imkern
- 100 Bei der Honiggewinnung

100 Honigwaben entnehmen
- 100 Bienenflucht
- 101 Abfegen

102 Honiggewinnung
- 103 Seihhonig gewinnen – den Dingen ihren Lauf lassen
- 104 Honig pressen
- 106 Honig sieben
- 107 Honig klären
- 107 Honig verflüssigen

107 Wachskreisläufe
- 108 Wachsverwertung bei der Oberträgerbeute
- 108 Wachsgewinnung
- 110 Wachs klären in der Kochkiste
- 110 Wiederverwendung des Wachses

111 Andere Bienenprodukte
- 111 Kittharz
- 111 Pollen

112 Service

- 112 Glossar
- 120 Literatur
- 120 Internet
- 120 Information
- 120 Foren
- 121 Zeitschriften
- 121 Bezugsquellen
- 122 Register

Alles anders – die Oberträgerbeute

Es war einmal vor gar nicht allzulanger Zeit in Simbabwe. Dort im ehemaligen Rhodesien hatte die griechische Bienenzuchtberaterin P. Papadopoulou in den 1960er Jahren versucht, den traditionellen griechischen Bienenkorb mit beweglichen Waben, die an Tragleisten nach oben entnommen werden können, in Afrika einzuführen. Dieses Grundprinzip der rähmchenlosen beweglichen Wabe ist also schon bekannt und wurde bereits auch in Teilen Asiens bei der Bewirtschaftung der östlichen Honigbiene eingesetzt.

Unter diesem Leitprinzip entwickelte man an der kanadischen Guelph-Universität eine Beute speziell für die Entwicklungshilfe in Afrika. Diese Oberträgerbeute (Top Bar Hive) verbindet das Prinzip der beweglichen Waben an Oberträgerleisten in einem nach unten leicht konisch zulaufendem Raum mit der einfachen, holzsparenden Bauweise aus gesägten geraden Brettern, wie sie bei Kastenstülpern und Magazinen üblich ist. Die Wabenanordnung auf einer Ebene quer zur Längsachse entspricht der Konstruktion sowohl in afrikanischen Röhrenbeuten als auch in den in Deutschland früher verbreiteten Liegekörben (Rollen) oder den sizilianischen Ferulabeuten.

So versuchten Wissenschaftler und Berater durch die Förderung der Imkerei die Situation in Afrika zu verbessern. Es ging darum, mit den wenigen Mitteln, die dort üblicherweise zur Verfügung stehen, und für die Herstellung vor Ort einen speziellen Bienenkasten zu entwickeln, der eine Verbesserung gegenüber den bestehenden Haltungssystemen wie der traditionellen afrikanischen Röhrenbeute bedeutete.

Daraus wurden ein Paradebeispiel der angepassten Technologie und eines der seltenen Beispiele, in denen es eine Technik zurück in die industrielle Welt geschafft hat, wo sie bereits in Vergessenheit geraten war. Und als hätte es dieses Haltungssystem schon lange, lange gegeben,

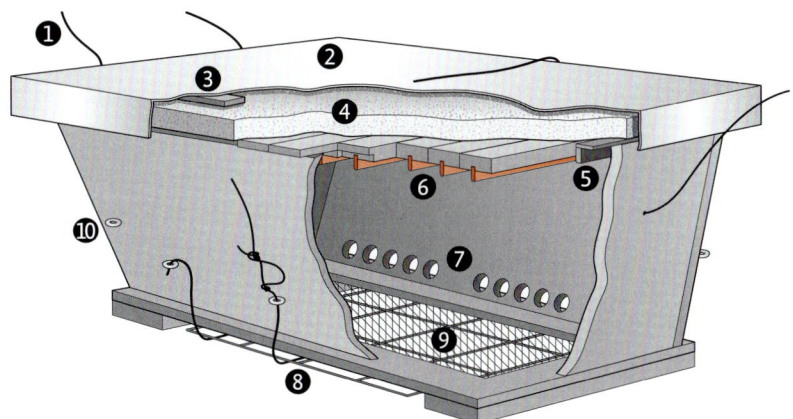

Schematische Darstellung einer Oberträgerbeute. Aus dem Schnittbild wird der innere Aufbau besonders deutlich.

(1) Tragedrähte
(2) Blechhaube
(3) Abstandsleisten
(4) Dämmplatte
(5) Seitenabstandsleiste
(6) Oberträger mit Wachsstreifen
(7) Fluglöcher
(8) Varroa-Windel
(9) Drahtgitterboden
(10) Ringösen zur Drahtbefestigung

Die Frage nach der Wirtschaftlichkeit

Mit jedem Intensivierungsschritt kann man von einer Verdoppelung des maximalen Ertrages ausgehen: Dieser liegt
- bei afrikanischen Röhrenbeuten vielleicht bei 5 kg pro Jahr,
- beim Griechischen Bienenkorb bei 10 kg,
- bei der Top-bar-hive bei bis 20 kg
- beim Magazin bis circa 40 kg je Volk und Jahr.

gab es hier bald zahlreiche neue Varianten, die nach Ländern benannten wurden und damit Traditionen widerspiegeln sollen, die es so vielleicht gar nicht gibt.

Motivation: Imkern aus Liebe zur Biene

Gerade der Verzicht auf die etwas aufwendigeren Teile einer Beute, wie Abspergitter und Rähmchen, bedeutet, Elemente aus der professionalisierten Imkerei bewusst nicht zu verwenden. So ist die Beute besonders für Menschen geeignet, die eine extensive Imkerei aus der Liebe zur Natur betreiben möchten und nicht auf maximale Honiggewinnung aus sind.

Diese Motivation zur Bienenhaltung ohne Ertragserwartung kommt erst sehr langsam in den Imkervereinen an. Vielleicht auch deshalb, weil sie schlecht über ein Einheitsglas zu kommunizieren ist. Wahrscheinlich wird es aber in vielen Vereinen der Zukunft mehr als eine Gruppe oder Fraktion geben. Da mit Warré-Beute und Bienenkiste weitere Einfachbeuten auf dem Vormarsch sind, stellt eine naturnahe Imkerei für viele Einsteiger eine Hauptmotivation dar.

Leichtgewicht statt Schwergewicht

Wenn man die Entstehung der Beute kennt, kann man leicht auch ihre Besonderheiten ableiten, die teilweise weit über ihre ursprüngliche Bestimmung hinausgehen. Die Oberträgerbeute war nie als gleichwertiger Ersatz für moderne Haltungssyteme wie die Magazinbeute gedacht, sollte aber unter Mangel an Ressourcen eine moderne Betriebsweise mit beweglichen Waben ermöglichen.

Ein passender Vergleich ist der zwischen einem Klein- und einem Ultraleichtfugzeug. Für jemand, der sich finanziell kein Flugzeug leisten kann oder aus Zeitgründen keinem Verein beitreten möchte, dem gibt das Ultraleichtflugzeug die Möglichkeit, dennoch mit vergleichsweise geringem Aufwand zu fliegen. Dabei muss er sich trotzdem mit der Materie intensiv beschäftigen und sich an grundlegende Regeln halten. Niemand geht davon aus, dass ein Ultralight einem Flugzeug in Geschwindigkeit, Reichweite und Komfort grundsätzlich ebenbürtig ist, aber das in unserer Gesellschaft stark verankerte Bedürfnis nach individueller unabhängiger Freizeitgestaltung wird dadurch möglich.

Gerade die Imkerei zur flächendeckenden Bestäubung und die immer beliebter werdende Imkerei in der Stadt, man denke an Schlagworte wie Urban Beekeeping, verlangen nach Werkzeugen, die ein Imkern mit wenig Aufwand ermöglichen. Eine Kleinstbienenhaltung steht dabei in enger Abhängigkeit zur organisierten beziehungsweise Berufsimkerei, da sie einfach nicht die kritische Masse besitzt, um Züchtung, den Ersatz verlorener Völker (Remonte) oder die Entwicklung von Bekämpfungsstrategien von Bienenkrankheiten und -schädlingen zu gewährleisten.

Und die Bienen?
Dass sich die für Afrika gedachte Oberträgerbeute auch für Freizeitimker in Europa eignet, ist jedoch nicht selbstverständlich, denn man muss klimatische, kulturelle Unterschiede und vor allem die Andersartigkeit der Bienen berücksichtigen. Während erstere Unterschiede weniger einer Erklärung bedürfen, gilt dies für die Art der Bienen aber in besonderem Maße.

Von unseren Bienen kennen wir praktisch nur noch zwei Anlässe zum Schwärmen. Dagegen ist das **Schwarmverhalten** von Bienen in den warmen Ländern deutlich vielschichtiger. Neben dem Schwarm zur Vermehrung gibt es bei ihnen noch das **Fluchtverhalten**, bei dem Bienen nach einer Störung am Brutnest dieses aufgeben, um eine sicherere Behausung zu suchen oder wie Zugvögel zu verschiedenen Jahreszeiten verschiedene Gebiete bewohnen.

Da in Afrika stetig Bienenvölker auf Wohnungssuche unterwegs sind, reicht es häufig, eine geeignete Unterkunft zur Verfügung zu stellen und darauf zu warten, dass sie von einem Schwarm bezogen wird. Der Verzicht auf Rähmchen ist sinnvollerweise mit der Herstellung von Waben- oder Presshonig verbunden.

In Afrika ist die Honigqualität meist von sehr viel geringerer Bedeutung als in Europa. Selbst gegorener Honig in Plastikbehältern hat noch einen lokalen Marktwert. Dabei können gerade Waben-, Press- und Seihhonige sehr aromatische, hochwertige Produkte sein, wenn sie entsprechend gewonnen werden.

Das Wachs hat in Afrika einen viel höheren Produktionswert als in Europa, und Wachs fällt in der Oberträgerbeute überproportional viel an. Auch Hobbyimker bei uns, die auf eine von Milbenbekämpfungsmitteln unbelastete Honigerzeugung setzen, profitieren in dieser Hinsicht, da es keine Mittelwandproblematik (siehe Seite 107) gibt. Auf die meisten der bisher genannten Aspekte werde ich im Laufe des Buches weiter eingehen.

Diese Faktoren, die nebenbei gesagt, viel von den Schwierigkeiten mit der afrikanisierten Biene in Amerika ausmachen, bedingen in Afrika eine andere Art des Imkerns. Sie machen es dort weniger lohnend, in teure Bienenkästen oder erweiterbare Magazine zu investieren. Die Honigausbeute je Volk bleibt geringer und es gehen mehr Bienen als Schwarm verloren.

Für diese Bienen stehen Verluste durch Feinde und Buschbrände also deutlich mehr im Vordergrund als bei unseren Bienen. Sie dagegen sind die vor allem auf eine gute Winterfestigkeit ausgelegt. Die genannten Verhaltensweisen afrikanischer Bienen sind aber auch bei unseren Bienen in Ansätzen noch vorhanden.

Info
Insgesamt investieren Bienen in warmen Gebieten deutlich mehr Energie in Brut als in Honig, und junge Königinnen versuchen überdurchschnittlich oft, bestehende fremde Bienenvölker zu übernehmen. Außerdem schwanken die Bienen viel stärker in ihrer Volksgröße.

Natur pur – ja und nein

Viele von uns möchten aus Faszination zur Natur Bienen halten. Dabei werden einige Vorstellungen kräftig durcheinander geschmissen. Um sich seinen persönlichen Zielen zu nähern, ist es dabei unbedingt erforderlich, sie erstmal klar zu benennen. Einige sind dabei leider in sich widersprüchlich oder sie gehen von Annahmen aus, die nicht zu erfüllen sind.

Anhand folgender Erklärungen möchte ich einzelne Ziele in Hinblick auf das Imkern mit der Oberträgerbeute betrachten. Ausgehend von der Defintion des Begriffs Natur sollen meine Worterklärungen helfen, einen ausführlichen Blick darauf zu werfen.

Begriff	Erklärung
Natur	Alles, was uns umgibt und nicht menschengemacht ist.
künstlich	Alles, was erst durch den Menschen neu geschaffen wurde. Künstlich ist das Gegenteil von natürlich.
natürlich	Etwas, das in dieser Art ohne menschlichen Einfluss besteht.
naturnah	Etwas, das weitgehend natürlichen Erscheinungsformen oder Vorgängen entspricht.
biologisch/ökologisch	Spezielle Anbau-, Haltungs- und Produktionsarten, die versuchen, im Einklang mit der Natur zu wirtschaften.
naturgemäß	Erscheinungsformen oder Vorgänge, die den Prinzipien natürlicher Erscheinungsformen oder Vorgängen entsprechen.
artgemäß	Methoden der Haltung und Züchtung, die den natürlichen Ansprüchen einer Tier- oder Pflanzenart entsprechen.
ganzheitlich	Davon ausgehend, dass alles miteinander in einer direkten Beziehung steht und sich Vorgänge und Erscheinungsformen im Großen und Kleinen, im Materiellen und Geistigen in ähnlicher Art und Weise wiederholen.
wesensgemäß	Formen und Vorgänge, die den körperlichen, geistigen und seelischen Ansprüchen eines Lebewesens nach anthroposophischer Weltanschauung entsprechen.
Umwelt	Alles, was uns umgibt. Unabhängig davon, ob es natürlichen oder menschlichen Ursprungs ist.
umweltschonend	Mit möglichst geringem negativen Einfluss auf die Umwelt.
Umweltschutz	Die Umwelt vor negativen menschlichen Einflüssen bewahrend.
umweltgerecht	Die Belange zum Schutze der Umwelt ausreichend berücksichtigend.
extensiv	Etwas mit geringem Eintrag (Input) zum Beispiel an Energie, Kapital, Wissen, Arbeit ... betreiben. (Gegenteil von intensiv, Beispiel Landwirtschaft)
nachhaltig	Etwas so bewirtschaften, dass sich die Ausgangsbedingungen für die nachfolgende Nutzung zumindest nicht verschlechtern.
familiengerecht	Die Belange der ganzen Familie ausreichend berücksichtigend.
modern	Der Zeit angemessen sein.
einfach	Etwas ist wenig komplex, einschichtig oder einmalig.
Work-Life-Balance	Ist das Gleichgewicht zwischen Beruf und Privatleben.

Was die Oberträgerbeute kann und was nicht

Betrachtet und bewertet man das Imkern mit der Oberträgerbeute nach diesen genannten Eigenschaften, wird schnell auffallen, dass nicht alle Aspekte in diesem Buch auch als gängige Praxis beschrieben werden oder beim Imkern mit der Oberträger automatisch erreicht werden können.

Begriff	Beziehung zur Oberträgerbeute
natürlich	Eine Oberträgerbeute ist eindeutig eine menschliche Entwicklung und daher nicht natürlich.
naturnah	Naturnahes Imkern setzt voraus, dass möglichst wenig Einfluss auf die Bienen und die Entwicklung des Bienenvolkes genommen wird. Beim Imkern mit Oberträgerbeuten in Afrika wird dieses weitgehend erfüllt: • Die Bienen erhalten lediglich eine Nistmöglichkeit angeboten. • Generell wird auf Mittelwände, künstliche Fütterung mit Zucker und weitgehend auch auf die Krankheitsbehandlung der Bienenvölker verzichtet. • Die Bienenvölker werden in ihrem natürlichen Schwarmtrieb kaum eingeschränkt. Von dieser naturnahen Imkerei gibt es viele Übergänge bist zu jener Art und Weise wie in Europa in der Oberträgerbeute geimkert wird. So wird gerade in Afrika auch intensive Züchtung in der Oberträgerbeute betrieben. Die Verfahren bis zum Umlarven, der Verwendung künstlicher Weiselnäpfe, des Verschulens und Ähnlichem sind dabei als weitgehend wenig naturnah zu beschreiben. Es werden dabei Ableger als Starter und Oberträgerbeuten als Horizontal-Finisher (siehe Glossar ab Seite 113) eingesetzt, was einer sehr intensiven Züchtungs-Praxis entspricht. Starter sind kleine Völker, in denen die Bienen durch Weisellosigkeit zum Nachschaffen von neuen Königinnen angehalten werden. In Europa bietet sich die intensive Haltung in Oberträgerbeuten wegen der geringen Effizienz gerade im Hinblick auf die Honigausbeute und Wanderung nicht an. Die regelmäßige Bekämpfung der Varroamilbe, die Fütterung im Winter und die Schwarmlenkung sind Elemente, die als wenig naturnah zu bezeichnen sind. Bis zu einem gewissen Grad kann der Imker selbst wählen, wieweit er naturnah imkern möchte.
naturgemäß	Naturgemäß gilt als Grundlage des biologischen oder ökologischen Imkerns. Die Oberträgerbeute erfüllt viele Anforderung, die aus dieser besonderen Haltungs-, Anbau- und Produktionsweise stammen. Hierzu gehören der weitgehende Einsatz natürlicher Materialien, ein weitgehender Verzicht auf Mittelwände, auf Verfahren wie der künstlichen Besamung sowie die Bevorzugung organischer Säuren und mechanischer Bekämpfungsmethoden zur Krankheitsabwehr. Trotzdem sind die Begriffe nicht grundsätzlich auf das Imkern in der Oberträgerbeute zu beziehen, da auch moderne Verfahren anwendbar wären. Rechtlich gesehen sind biologisch oder ökologisch geschützte Begriffe aus dem Lebensmittelkennzeichnungsrecht, die nur verwendet werden dürfen, wenn man sich entsprechenden Kontrollen unterworfen hat. Die Begriffe „ökologischer" oder „biologischer" Honig sollten daher nicht unüberlegt generell auf Honig aus der Oberträgerbeutenbienenhaltung übertragen werden.

Begriff	Beziehung zur Oberträgerbeute
artgemäß	Artgemäße Bienenhaltung sollte von den Bedürfnissen der Biene ausgehen. Dabei tun wir uns bereits bei anderen Nutztieren, die uns entwicklungsgeschichtlich viel näher stehen, sehr schwer damit, zu bestimmen, was den Bedürfnissen einer Art wirklich entspricht. Hinzu kommt, dass sich auch die Biene durch die lange Zeit der menschlichen Nutzung und Züchtung in ihren Ansprüchen verändert hat. Dennoch wäre es falsch, davon auszugehen, dass Leistung und Gesundheit allein ausreichende Maßgaben zur Beurteilung einer artgemäßen Haltung sind. Sie verlangt auch eine komplexe Auseinandersetzung mit dem Leben und den Gefühlsäußerungen bei Bienen, so wie bei anderen Nutztieren auch. Daraus wird man ein Modell entwickeln, von dem man annimmt, dass es die Bedürfnisse der Biene widerspiegelt. Es bleibt jedoch schwierig zu unterscheiden, was Bedürfnis und was Anpassung der Biene ist. Wie artgemäß eine Haltung ist, wird also weitgehend auch von der Betriebsweise bestimmt. Durch die Bereitstellung von ausreichendem Raum, bodennahen Fluglöchern et cetera, kann man den Bedürfnissen der Bienen, soweit man sie kennt, zumindest entgegenkommen.
wesensgemäß	Eine wesensgemäße Imkerei setzt eine Bewertung nach anthroposophischen Maßstäben voraus, die sich nicht auf naturwissenschaftliche Erkenntnisse stützen. Dabei kommt die leichte Haltung ohne Mittelwände und Wabendrahtung, mit einem ungeteilten Brutnest durch das Imkern ohne Absperrgitter den praktischen Vorstellungen einer wesensgemäßen Imkerei aber deutlich entgegen. Da auch in der wesensgemäßen Imkerei heute teilweise zur Honigproduktion mit starken Völkern gearbeitet wird, dienen Oberträgerbeuten hier hauptsächlich zur Haltung von Ablegern beziehungsweise Nachwuchsvölkern. Die Waben werden dabei mitsamt den Oberträgern in Leerrähmchen im Standmaß für die Wirtschaftsvölker genutzt und mit Metallklammern fixiert.
umweltschonend	In der Oberträgerbeute kann diese Bedingung erfüllt werden, und zwar durch die Verwendung von Holz als nachwachsendem Rohstoff beim Bau der Oberträgerbeuten, den Verzicht auf Wanderungen, die Freiaufstellung mit geringer Flächenversiegelung, das Wabenschmelzen mit dem Sonnenwachsschmelzer und den Verzicht auf künstliches Erwärmen oder Kühlen von Honig.
extensiv	In Europa kann die Oberträgerbeute unter der Annahme geringerer Honigerträge durch den Verzicht auf Rähmchen und Mittelwände als extensives Haltungssystem angesehen werden.
nachhaltig	Da der oben genannte Anspruch an ein nachhaltiges Wirtschaften häufig zu hoch erscheint, versucht man Nachhaltigkeit auch als Ausgleich zwischen Ökonomie, Sozialem und Ökologie zu definieren. Solange man mit der Oberträgerbeute zu vertretbaren Kosten (ökonomischer Effekt) ein Hobby (sozialer Effekt) betreiben kann, das die belebte Umwelt durch die Bestäubung von Pflanzen fördert (ökologischer Effekt), lässt sich diese Art der Bienenhaltung also durchaus als ein typisches Beispiel für nachhaltiges Handeln betrachten.

Begriff	Beziehung zur Oberträgerbeute
familiengerecht	Durch die arbeits- und kostenextensive Haltung und den Verzicht auf Lager- und Wirtschaftsräume ist eine Haltung in der Oberträgerbeute meist relativ familiengerecht, wenn man kein Einkommen aus der Bienenhaltung erwartet. Bezieht man ein, ein besonders Hobby zu betreiben, ergibt sich der Weg zu einer guten Work-Life-Balance.
modern	Betrachtet man die heutige Industrie- und Dienstleistungsgesellschaft mit der städtischen Siedlungskultur, kann die Imkerei in Oberträgerbeuten als modern bezeichnet werden. Dass dabei auf Technik verzichtet wird, die nicht mehr mit den Bedingungen der Hobbyimker in engen räumlichen und zeitlichen Grenzen zusammenpasst, ist ganz normal. Hierfür gibt es viele Beispiele in der Menschheitsgeschichte. So sind Klappzylinder nicht mehr modern, obwohl sie es auch deshalb waren, weil sich diese Hüte außergewöhnlich leicht verstauen ließen.
einfach	Die Oberträgerbeuten ist aus wenigen, simplen Teilen zusammengebaut und verlangt weder hohe Genauigkeit beim Bauen, noch besondere oder Massen an Materialien. Sie kann also mit Recht als typische Einfachbeute bezeichnet werden.

Wie sieht die Zukunft der Honigbiene aus?

Das Interesse an Bienen in unserer Gesellschaft wird weiter steigen, gleichzeitig aber nimmt die Imkerei gerade im Nebenerwerb ab. Diese Entwicklung ist mit der Herstellung und Zubereitung von anderen Lebensmitteln zu vergleichen: In immer weniger Familien wird unter der Woche aufwendig gekocht, gleichzeitig aber wird am Wochenende Kochen zum Familienereignis, und Kochbücher lassen teils sich besser verkaufen als hochwertige Lebensmittel.

Auch in der Landwirtschaft wird die Bedeutung der Honigbiene weiter abnehmen. Moderne Pflanzenzüchtung führt immer weiter zu selbstbestäubenden Arten und die Pflanzenschutz-, Spättracht- und Varroaproblematiken bringen stetig mehr Landwirte dazu, sich selbst um die Bestäubung ihrer Kulturen zu kümmern – als Teil ihrer landwirtschaftlichen Tätigkeit.

Da im Hintergrund hier nicht die Honigproduktion steht, werden sich solitäre Bienen wie Mauer- und Blattschneiderbienen durchsetzen, nicht Honigbienen. Die Landwirte werden im großen Stil immer mehr, teilweise mobile Bienenhotels bereitstellen und in einem gewissen Umfang Krankheiten und Parasiten dieser nicht staatenbildenden Bienen bekämpfen. In Gewächshäusern haben sich als Bestäuber schon seit mehr als zehn Jahren Hummeln gegenüber Honigbienen durchgesetzt.

Trotzdem wird es weiter Imker geben, die entweder sehr professionell arbeiten oder es als fantastisches Hobby begreifen. Für den Hobbybereich wird es zunehmend auch Eigenentwicklungen geben, die sich von der Gewerbsbienenhaltung unterscheiden. Die Argumentation, dass für jeden Imker, der aufhört, vier neue Imker mit alternativen Bienenhaltungs-

> Das Schönste am Imkern ist es, jemand anderen zum Imkern zu bringen.

> Das Erlebnis eines Bienenvolkes ist wahrscheinlich nur mit Bergsteigen, Fliegen oder dem Tauchen mit Walen zu vergleichen. Ein Umschwirrtsein von kleinen elfenhaften, doch sehr wehrhaften Wesen, die einen ihrer Mitte dulden.

systemen anfangen müssten, um die Bestäubung flächendeckend sicherzustellen, ist zu kurz gedacht. Viele Imker auf die Fläche verteilt und ständig an einem Ort, decken die Fläche weit besser ab als Berufsimker, die ihre Völker an wenigen Standorten zusammenziehen. Außerdem schaffen die alternativen Systeme auch viel mehr neue Möglichkeiten. Vielleicht imkern zukünftig tatsächlich fünf- bis sechsmal so viele Menschen wie heute. Die Oberträgerbeute ist ein Werkzeug, das bereits jetzt in diese Richtung zeigt.

Verantwortlich für unsere Welt

Sobald man sich mit etwas oder jemandem vertraut macht, kann man nicht mehr wegschauen. Man ist durch dieses Wissen selbst Teil der Problematik geworden. Wegschauen bedeutet aktives Ignorieren, auch Schuld, nämlich dann, wenn man sich trotz erkannten Bedarfes nicht kümmert. Ein Zusammenhang, der bereits im berühmten Werk „Der kleine Prinz" von Antoine de Saint-Exupéry beschrieben wird.

Wir stehen also in der Verantwortung, etwas für die Bienen bei uns und für die Menschen in Entwicklungsländern zu tun, für die die Oberträgerbeute entwickelt worden ist. Ob dies durch das Imkern in der Oberträgerbeute und den Austausch mit Nachbarn über die Bienenhaltung geschieht oder durch Unterstützung von Hilfsprogrammen mit oder ohne Bienen für Hilfebedürftige in aller Welt, bleibt uns überlassen. Es heißt einfach, unsere Verantwortung zu tragen.

Faszinierend: nicht nur die Honigbiene

Die einzige, noch einfachere Art Bienen zu halten, ist die Bereitstellung von Nistgelegenheiten für solitäre Bienen. Dies ist viel effizienter als allgemein angenommen. Solitäre Bienen brauchen nur in einer kurzen Saison ausreichende Tracht, um Reserven für wenige Nachkommen zu schaffen und dann sind sie wieder größtenteils verschwunden, sodass ihnen fehlende Spättrachten nichts ausmachen.

Auf wunderbare Blütenbestäuber werden wir also auch ohne Honigbienen nicht verzichten und binnen vier Jahren selbst aussterben müssen. Aber die Faszination, mit beiden Händen in einen besetzten Bienenkasten zu fahren, duftende Waben in die Hand zu nehmen, die fantastische Symmetrie der tausende sechseckiger Zellen zu bewundern und das bewegte Treiben am Flugloch zu beobachten, würde eine ungeahnte Lücke reißen.

Imkerweisheit

Anfänger brauchen zwei Völker: Eines zum Imkern und eines zum Totgucken. Dieser Spruch ist durchaus ernst gemeint, aber nicht in seiner wörtlichen Bedeutung. Es geht darum, dass ein Anfänger ein einzelnes Volk in seiner Unerfahrenheit, Neugier und Ungeduld eher zu oft und intensiv öffnen und durcharbeiten wird. Verteilt sich diese Imkerwut auf zwei Völker, haben beide bessere Überlebenschancen. Man kann dann eher davon ausgehen, dass beide gedeihen – ein weiterer Aspekt, der für die Haltung von mehr als einem Volk spricht.

Meine Wahl: die Oberträgerbeute

Ich selbst imkere seit 2005 hobbymäßig in der Oberträgerbeute. Zuvor hatte ich mit Unterbrechungen Bienen in Golzbeuten gehalten und praktische Erfahrungen mit Magazinbeuten sammeln können. Dieses Buch beruht weitgehend auf meinen eigenen Erfahrungen und auf frei zugänglichem oder bereits veröffentlichtem Wissen zur Bienenhaltung in der Oberträgerbeute und der Imkerei im Allgemeinen. Insgesamt kann man sagen, dass ich wenige Bereiche kenne, in den Wissen so bereitwillig und großzügig geteilt wird. Besonders wertvoll ist mir noch immer das, was ich während des Studiums am Institut für landwirtschaftliche Zoologie und Bienenkunde lernen und erfahren durfte. Einige Punkte habe ich in meine Hobbybienenhaltung eingeführt und möchte sie hier und unter www.top-bar-hive.de weitergeben und zur Diskussion stellen.

„Ein Imker kann alles gebrauchen"

Ein Spruch über Imker, in dem eine ganze Menge Wahres steckt. Auch das Imkern in der Oberträgerbeute lebt von der Improvisation. Dazu zähle ich auch „meine" Schattendächer, die Verwendung der Kartoffelpresse als Honigpresse, die seitlichen Spacer, die variable Verdrahtung der Aufhängung, die Biegeknechte für die Dächer, die Verwendung vieler Kleinwerkzeuge, Dampfreiniger zum Wabenschmelzen, Haarklammern zum Wabenfixieren, Einkochautomat zum Wachsverflüssigen, Bratschlauch, Spargeltopf, Küchenutensilien, Suppenkelle zum Füllen von Begattungsablegern oder Omas Silberlöffel als Wachskelle, Chipspackung als Kerzengussform, Kuchenform als Wachsform, Frischhaltefolie zum Honigabschäumen, Flaschenkorken als Schwimmhilfen – vieles davon finden Sie an entsprechender Stelle auch im Buch.

Nicht immer ist all diese Kreativität ganz unkritisch zu betrachten, so wurden früher Bügeleisen als elektrischer Widerstand zum Einlöten von Mittelwänden verwendet und die Bienenkästen in Bienenhäusern mit dem alten Bettzeug isoliert. Daher sollte man als Hobbyimker aus Liebe zu seinen Mitmenschen, zur Feuerwehr und zu Ordnung und Hygiene dieser Sammel- und Improvisationsleidenschaft hin und wieder durch radikales Aufräumen und Entsorgen begegnen.

Gut zu wissen
Alle imkerlichen Begriffe, die im Laufe dieses Textes verwendet werden, finden Sie detailliert erklärt im Glossar ab Seite 113.

Auf der Suche nach der richtigen Beute

> **Zu den zentralen Problemen der heutigen Magazine gehören**
> - das Heben schwerer Zargen,
> - die Belastung der Mittelwände,
> - Bedarf an Lagerraum für leere Zargen und Rähmchen,
> - Platz- und Investitionsbedarf für Schleuder, Entdecklungsgeschirr ...

Einer Vielfalt von Klimazonen, Trachtbedingungen und Nationen steht heute ein einziges beherrschendes Haltungssystem weltweit gegenüber. Das Magazin mit Rähmchen ist insbesondere in der Profiimkerei das Haltungssystem schlechthin. Wenn man anfängt zu imkern, treten daher die wenigen Nachteile des Magazins besonders in Betracht, weil man sie als Probleme der Bienenhaltung an sich sieht.

Durch Wegfall des Bienenhauses verstärkt sich die Lagernot weiter, weil viele Imker heute in städtischer Umgebung weniger Bienen halten möchten, also Menschen, die nur über begrenzte räumliche Kapazitäten verfügen.

Das Heben schwerer Zargen, bei mir eher eine Frage des Prinzips als körperlicher Einschränkungen, konnte ich umgehen, indem meine erste Beuten Golzbeuten, Längslagerbeuten mit fest eingebautem Absperrgitter und Honig- und Brutraum auf einer Ebene hintereinander, waren. Und über diverse Kistenstapel konnte ich auch alles irgendwie unterbringen.

Es geht auch anders

Nach ein paar Jahren mit Golzbeuten wollte ich einen Schritt weiter gehen. Ich wollte keine belasteten gekauften Mittelwände mehr verwenden, sondern einen eigenen Wachskreislauf aufbauen. Mehrere Anläufe, eine Mittelwandgießform nach einer Bastelbeschreibung aus einer Bienenzeitung selbst zu bauen, misslangen.

So machte ich mich auf die Suche nach einer umfassenden Lösung und fand sie für mich in einer Erinnerung an meine Studienzeit in einer Abbildung im Zusammenhang mit einer Kenianischen Oberträgerbeute. Auf dem Bild zu sehen waren zwei Afrikaner, die über einer Erdgrube saßen und gemeinsam Honig durch Wringen aus einem Sack auspressten.

Bei näherer Überlegung kam ich zu dem Gedanken, dass diese Beute auch in Deutschland funktionieren müsste. Gerade in Lagerbeuten, die einen ähnlichen Brutraum haben, überwintern Bienen sehr erfolgreich. Und dass das Prinzip mit Oberträgerleisten und abgeschrägten Wänden gut funktioniert, wusste ich aus den Erfahrungen mit dem Kirchhainer Begattungskästchen.

Im Internet gab es zu der Zeit noch vergleichsweise wenig Informationen zur Kenianischen Oberträgerbeute. Allerdings existierte bereits eine Planskizze der FAO (Ernährungs- und Landwirtschaftsorganisation der Vereinten Nationen) für die Entwicklungshilfe. Sie diente mir als Bauvorlage (siehe auch Seite 87). Meine eigenen Erfahrungen mit dieser Beute sind inzwischen genauso angewachsen wie die Anzahl der Beiträge im Internet zu diesem Thema.

Die Raumordnung im Bienenvolk

Honigbienen pflegen in ihrem Nest eine strikte und praktische Raumaufteilung. Sie bauen so, dass sich das Zentrum mit der Arbeiterinnenbrut in der Nähe des Eingangs, wo sie sich gerne aufhalten und der leicht zu lüf-

Die Raumordnung im Bienenvolk 17

Die Kettenfunktion

Beim Wabenbau hängen sich die Bienen quer durch den freien Raum zu Girlanden unter den Oberträgern auf, wie eine Kette, die an zwei Punkten gehalten wird. Wo die durchhängende Kette die Seitenwände berührt, werden die Bienen versucht sein, die Wabe an der Seitenwand anzubauen oder zumindest Wachsbrücken zu errichten.

Man kann deshalb mit einer richtigen Kette, die man so in die Beute hängt, abschätzen, wo es zu Kontaktflächen zwischen Seitenwänden und Waben kommen kann. Je schmaler die Trapezform der Beute ist, desto weiter werden diese Punkte nach untern verlagert. Man erkennt auch, dass die Oberträgerbeute mit ihren geraden Wänden nur eine Annäherung an die für die Bienen idealere Bogenform ist.

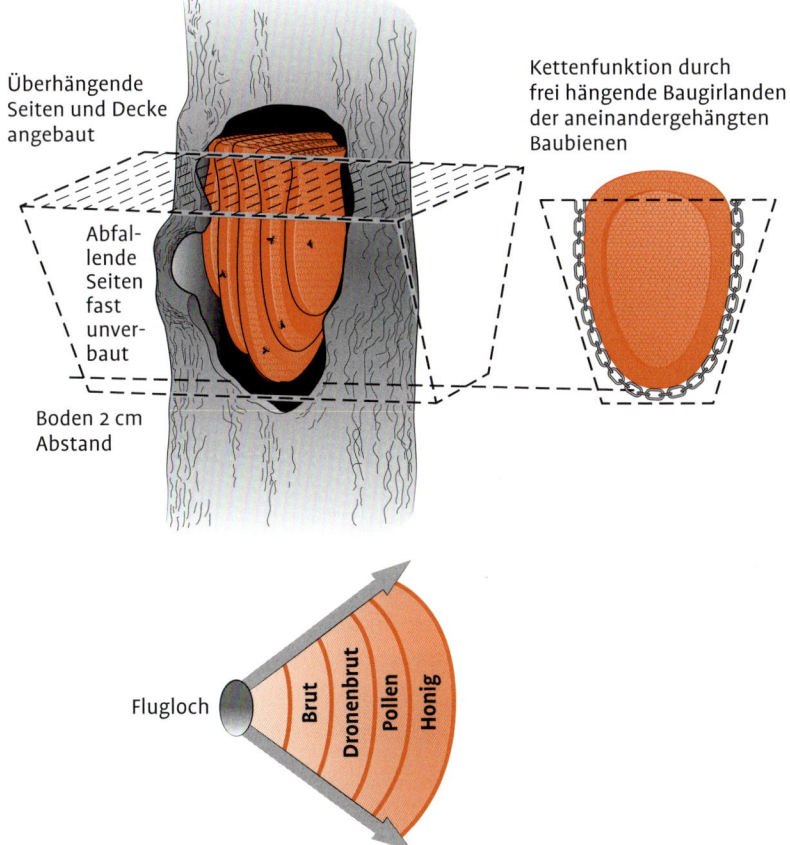

Überhängende Seiten und Decke angebaut

Abfallende Seiten fast unverbaut

Boden 2 cm Abstand

Kettenfunktion durch frei hängende Baugirlanden der aneinandergehängten Baubienen

Flugloch — Brut, Dronenbrut, Pollen, Honig

In einer in der Natur vorkommenden Höhle bringen die Bienen das Brutnest zur guten Versorgung mit Frischluft nahe am Eingang und die Vorräte in der hintersten Ecke unter. Der (unsaubere) Höhlenboden wird nicht in das Nest miteinbezogen und damit wird dort nicht angebaut. Die Oberträgerbeute funktioniert dadurch, dass sie diese natürliche Raumaufteilung berücksichtigt.

ten ist, befindet. Darum herum liegen die Zimmer für die großen Jungs, die Drohnen. Dann folgt der Vorrat, die man ständig braucht, der Pollen und um diesen herum wiederum befinden sich die Honigwaben.

Die Bienen verbreitern die Waben oben, wo sie an der Decke angebaut sind, um sie zu stabilisieren und dort mehr Honig einlagern zu können. Zwischen den Waben bleibt von der Breite nur ein Durchgang für eine Biene.

Energetisch ideal, die Kugel- oder Eiform

Das Bienenvolk in seiner Gesamtheit bildet je nach Raumausdehnung im Zentrum des Raumes eine kompakte Form mit möglichst wenig Oberfläche. Dies kann eine Kugel oder ein Ovaloid (Eiform) sein, je nach Raum mehr oder weniger länglich gestreckt. Dies ist in etwa vergleichbar mit Formen von Früchten. Eine Wassermelone kann beinahe eine Kugel sein. Es gibt sie aber auch in der langestreckten Form. Streckt man sie in Gedanken weiter, kommt man zur reifen Zucchini und schließlich zur Gurke.

In der Oberträgerbeute

Diese natürliche Raumordnung der Bienen macht sich die Oberträgerbeute zunutze. Durch ihre lang gestreckte Form des Kastens legen die Bienen ein Brutnest in der Nähe der Fluglöcher an. Daran schließt sich

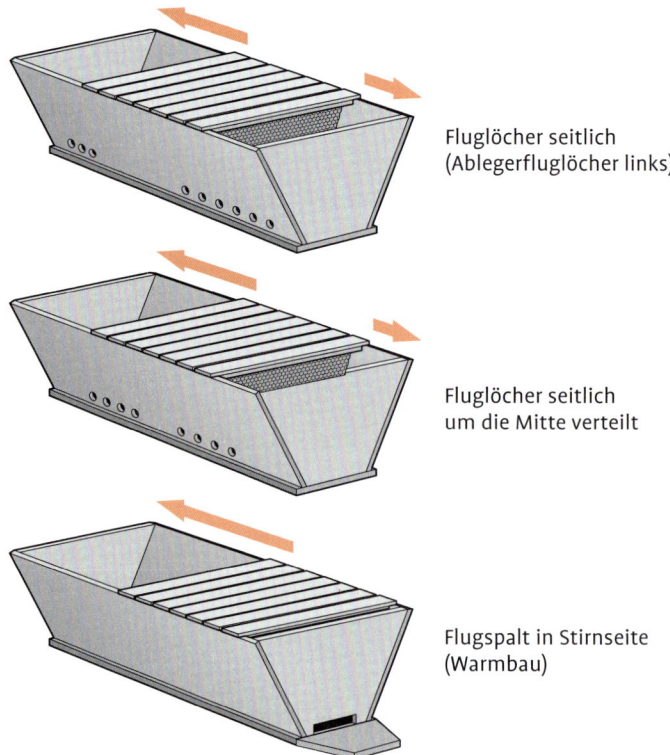

Erweiterung der Völker in Pfeilrichtung je nach der Fluglochanordnung.

Durch Fluglöcher an verschiedenen Stellen und die Unterteilung des Innenraumes durch Schiede, kann die Beute unterschiedlich eingeteilt werden, ohne dass es eine richtige Position für die Fluglöcher gibt. Doch es sollte immer eine klare Trennung zwischen Brutbereich mit und Honigbereich ohne Fluglöcher geben.
Soll die Beute aufgehängt werden, sind Fluglöcher oder Flugspalten an der Stirnseite sind nur eingeschränkt geeignet.

> **Variable Fluglochanordnung**

ganz nach der Anordnung der Fluglöcher, die der Imker bestimmen kann, bei **Warmbau** nach hinten oder **Kaltbau** zur Seite, der Honigbereich an.

Befinden sich die Fluglöcher auf einer Seite der Beute, dann sind also die Honigwaben vor allem auf der anderen Seite zu finden. Sind die Fluglöcher mittig in der Beute angebracht, befinden sich die Honigwaben beidseitig vom Brutnest.

Wenn die Ordnung gestört wird

Solange man die von den Bienen geschaffene Raumordnung nicht durch wahlloses Umhängen stört, ist es möglich Brutwaben, Pollenwaben und Honigwaben voneinander zu trennen, ohne Abspergitter zu arbeiten und trotzdem brutfreie Honigwaben zu ernten.

Wird die Raumordnung gestört, zum Beispiel, indem man die Königin mittels eines **Absperrgitters** in den Teil der Beute einsperrt, indem alle Fluglöcher mit Korken verschlossen sind, werden die Bienen beginnen, die Verschlusskorken aufzunagen. Sie wollen eine natürliche Raumordnung wiederherstellen.

Man kann die Impulse, die durch die Raumform und die Lage der Fluglöcher ausgehen verstärken, indem man im Honigbereich 10 mm breitere Oberträger verwendet oder zwischen die Waben entsprechende Abstandsleisten (Spacer) einlegt. Die Königin kann dann keine Eier mehr in die Zellen legen, da sie den Zellrückwand nicht mehr erreicht, um dort Eier anzuheften. Imker sprechen hierbei vom Zellboden, was aber sprachlich erst richtig wäre, wenn man die Wabe auf einer Seite ablegt.

Dieses entspricht der Verwendung von **Dickrähmchen** in anderen Beutensystemen. Insgesamt handelt es sich bei der Verwendung von Dickrähmchen um einen stärkeren Eingriff als mit einem Absperrgitter. So wird immer wieder davon berichtet, dass die Bienen diese Waben nur zögerlich annehmen. Außerdem wird die Wabe durch die Verbreiterung unverhältnismäßig stark durch ihr Eigengewicht belastet, was nicht zum rähmchenlosen Imkern passt. Auch deshalb werden Dickrähmchen meist nur als Halbrähmchen ausgeführt.

Der Futterkranz

Beuten, bei denen die Waben hinter- und nebeneinander angeordnet sind, wie bei Lager- oder Trogbeuten im Allgemeinen oder hier der Oberträgerbeute im Speziellen, haben dabei meistens einen oberen Rand aus Futter und Pollen. Dies wird klar, wenn man sich das Melonen-Beispiel

> **Gut zu wissen**
> Mittige Fluglöcher mit beidseitigen Honigwaben stellen nur sicher, dass die Beute gleichmäßig waagerecht hängt, weil das Gewicht gleichmäßig verteilt ist, egal wie viel Honig eingelagert wurde.

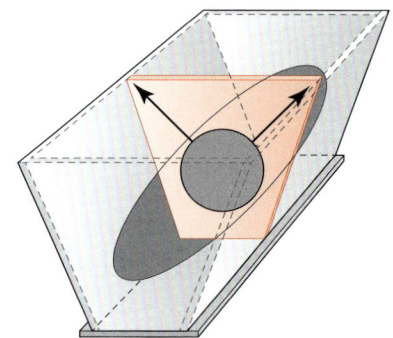

Schematische Darstellung des Zehrweges in einer Oberträgerbeute durch Wanderung des liegenden Bienensitzes von unten nach oben.

> **Gut zu wissen**
> Alle Beutentypen mit starken Futterkränzen zeichnen sich durch eine geringere Effizienz in der Honigausbeute, aber durch sehr gute Überwinterungen aus.

nochmals vor Augen führt: Die Schale, hier die Futterkränze, zieht sich um das Brutnest und ist nicht wie im Magazin bereits nach oben in den Honigraum verlagert. Dies muss kein Nachteil sein, denn als Hobbyimker kann man es sich leisten, den Bienen etwas mehr Notreserven zu lassen. Außerdem vereinfacht es die Völkerführung in schwierigen Jahren.

Die Futterkränze werden der dargestellten Logik nach größer, je mehr die Wabenform von einem Quadrat abweicht. Hochwaben, wie sie zum Beispiel in Lagerbeuten, etwa Golz-, Bremerbeute und anderen verwendet werden, haben stärkere Futterkränze. Bei der Oberträgerbeute werden die Waben durch **Futterecken** verstärkt, die durch die Trapezform in den oberen äußeren Ecken entstehen.

Im Winter versuchen die Bienen, dem Futter möglichst nach oben zu folgen, ohne von Wabe zu Wabe wechseln zu müssen. Dies wird **Zehrweg** genannt. Beuten mit einem langen Zehrweg in einem Raum wie bei der Oberträgerbeute – anders als bei der Überwinterung auf zwei Räumen – sind also besonders bienenfreundlich. In der Oberträgerbeute wird der Zehrweg durch die Form der Waben vergrößert.

Imkern mit alternativen Beuten

Bienen sind als Höhlenbrüter, die in der Natur bestehende Räume besiedeln, viel anpassungsfähiger als viele der Diskussionen um die richtige oder bienengerechte Bienenwohnungen vermuten lassen. Dabei ist es aber trotzdem nicht egal, welche Beute ich benutze, um rationell, ergonomisch und in Harmonie mit den Bienen und Umwelt zu imkern.

Der Weg zur richtigen Beute gleicht in Deutschland manchmal einem Glaubenskrieg und ist mit der langen Tradition der Bienenhaltung und dem stark zergliederten föderalen System verbunden. Häufig liegen Unterschiede nur in verschiedenen Wabenmaßen und weniger in echten Systemunterschieden. Laut R. Bruchhäuser (im persönlichen Gespräch 1992) kann man Bienen auch in einem Pappkarton halten. Und diese Aussage war durchaus ernst gemeint. Man kann es tatsächlich.

Nachhaltigkeit und Betriebsweise

Der Dreiklang aus rationellem Arbeiten (ökonomisch), ergonomischem Arbeiten (sozial) und umwelt- und artgerechtem Handeln ist einer der modernen Definitionen für Nachhaltigkeit. Nachhaltigkeit gilt heute als eines der wichtigsten Bewertungskriterien jeglicher Produktion.

Wenn man Alternativen überhaupt zulassen möchte, begeht man häufig den Fehler, Funktion und Lösung zu verwechseln. So ist das Rähmchen Inbegriff für das Imkern mit beweglichen Waben. Dies stimmt aber so nicht, denn auch Waben anderer Systeme wie etwa der Oberträgerbeute erfüllen diese Funktion.

Einen guten Vergleich zweier unterschiedlicher Lösungsansätze beispielsweise findet man bei zwei vollkommen entgegengesetzten Haltungssystemen. Sie zeigen, dass es für ein Problem auch Ansätze gibt, die nicht in der Beute, sondern in der Betriebsweise liegen.

Magazine sind gut zum Wandern geeignet, wenn sie über eine ausreichende Belüftung verfügen, wie es zum Beispiel ein Drahtgitterboden garantiert, die Waben stabil verbaut sind, was durch Draht und Mittelwände sichergestellt ist. Dies sorgt dafür, dass die Waben auch nach unten und zur Seite an das Rähmchen angebaut werden. Zudem verfügen Magazine in der Regel durch ihre Holzbauweise über eine ausreichende Stabilität.

Der Lüneburger Stülper stellt der einen vollkommen anderen Lösungsansatz dar. Zum Bearbeiten und Transport wird der Korb in der Regel auch gelegt oder umgedreht, also gestülpt. Deshalb der Begriff Lüneburger Stülper.

Zur Belüftung wurde ein Stofftuch als Abdeckung über die Bodenöffnung gespannt. Die kuppelartige Form der Beute bringt die Bienen dazu, oben und seitlich anzubauen. Wie bei der Funktionsweise der Oberträgerbeute noch detailliert beschrieben wird, handelt es sich um das gleiche Prinzip, das dafür sorgt, dass Waben in Oberträgerbeuten nach oben seitlich nicht angebaut werden.

Die Waben wurden im Stülper zwar nicht verdrahtet, aber es wurden Speile (Holzleisten) kreuz und quer eingesetzt, die weitere Wabenstabilität bewirkten. Letztlich wurden die Körbe von außen noch mit einer Mischung aus Kuhmist und Lehm bestrichen, was die Stabilität des Korbgeflechtes selbst deutlich erhöhte. Damit konnten die Heidjer (Heideimker) sogar mit Pferdefuhrwerken auf Feldwegen mit ihren Bienen wandern.

Neue Vielfalt ist gefragt

Artenvielfalt ist in Ökosystemen ein Zeichen von Reichtum. In der Natur gibt es Arten mit einer großen Verbreitung und Arten, die nur an einen speziellen Lebensraum angepasst sind. Trotzdem ist beides nebeneinander ein Zeichen optimaler Nutzung der jeweiligen Umgebung.

Varianten und Variationen in der Technik und in Vorgehensweisen sind Zeichen für kreativen Reichtum. Neue Themen brauchen diese Vielfalt, um für neue Lösungen zu sorgen. Erst nach einer angemessenen Zeit der Entwicklung und des Ausprobierens werden sich wieder die Systeme für zukünftige Standardlösungen herauskristallisieren.

In den letzten Jahren steigt das Interesse der Imkerei an den sogenannten Einfachbeuten. Beuten also, die in ihrer Herstellung und/oder Bewirtschaftung Vorteile bringen. Oberträgerbeute, Warrébeute, Bienenkiste und andere, oder die Rückbesinnung auf einfachere Systeme wie Strohkörbe und Ähnliches sprechen für den hohen Bedarf in diesem Bereich.

Veränderung schafft Möglichkeiten

Um etwas zu verbessern, muss man es verändern. Besonderer Entwicklungsdruck geht derzeit von den Gedanken der biologischen Bienenhaltung und der Gruppe der Imker im Golden Age aus, erfahrenen Imker, die Kopf noch rüstig sind und glauben, Vieles zu können, wenn es etwas an ihre Bedürfnisse angepasst wird.

Die derzeitige Anpassung spiegelt sich in der steigenden Akzeptanz einer Beute, die früher in Deutschland als Ungetüm abgetan wurde – des Dadant-Magazins mit halbhohem Honigraum. Dabei ist besonders bemerkenswert, dass die Dadantbeute fast schon eine Mischung aus Trogbeute und Magazin darstellt. Hier ist das Arbeiten in Schichten durch die zwei unterschiedlichen Wabenmaße nicht mehr möglich und die Einengung des Brutraumes wird mittels eines seitlichen Schiedes geregelt. Dies sind zwei Elemente, die früher allein für Trogbeuten typisch waren. Außerdem ist die effiziente Haltung von Ablegern auf den riesigen Brutwaben nicht mehr möglich. So werden hierzu in der Regel Minimagazine oder, gerade von Bio-Imkern, Mini-Oberträgerbeuten eingesetzt!

Intensivierungsdruck gering halten

Jede Verbesserung, die eine Investition erfordert, verlangt einen höheren Ertrag, um die Investition zu rechtfertigen. So kommt die Intensivierungsspirale in Gang: Hält man man wenige Völker und möchte etwas mehr Honig haben, kann man sich hochwertige Königinnen kaufen. Damit diese ihr Leistungspotenzial ausschöpfen können und die stärkeren Völker nicht in Schwarmstimmung kommen, sollte man dann auch mit den Bienen wandern. Damit sich dies rentiert, kauft man sich besser einen Anhänger, um mehr als nur zwei Völker im Auto transportieren zu können. Bei dem höheren Ertrag durch die Wanderung lohnt sich dann eine größere elektrisch angetriebene Schleuder und so weiter. Sie sehen, es ist ganz einfach und beschreibt den Mechanismus, wie viele landwirtschaftliche Betriebe zu Großproduktionsanlagen wurden.

Um davon abzuweichen, darf man nicht allein gewinnmaximierend arbeiten, sondern muss eine angepasste Gewinnerwartung formulieren und eine „angepasste Technologie" einführen. Auch in der Entwicklungshilfe wird der Begriff angepasste Technologie ähnlich definiert.

Mobilbau durch Oberträger

Die Oberträgerbeute verbindet mehrere Dinge: einfacher Selbstbau durch den Imker und **Naturwabenbau**. Der Verzicht auf Mittelwände erlaubt den Bienen innerhalb des gegebenen Raumes ihr Nest nach ihren Bedürfnissen einzurichten. Die Oberträger liegen auf den Seitenteilen auf und ragen nach außen darüber hinaus.

Die Beweglichkeit des Mobilbaus entsteht, weil Waben nicht nur einzeln nach oben entnommen, sondern auch als Block seitlich verschoben werden können. Es ist auch immer möglich, mehrere Oberträger gleich-

---

Angepasste Technologie beim Imkern
Dies bedeutet, sich selbst einen Rahmen zu stecken, der sich zum Beispiel aus maximal zwei Völkern, keinen extra Raum für das Imkern und keine Rähmchenarbeiten im Winter ergeben kann. Hierzu passen Einfachbeuten wie die Oberträgerbeute.

zeitig an- und umzuheben, da sie an den Seitenteilen mit den Händen zu mehreren von unten gegriffen und bewegt werden können.

Die Oberträger machen es möglich, das Bienenvolk scheibchenweise zu handhaben.

Vor der Einführung der Abdeckfolien wurden in Trog- und anderen Oberbehandlungsbeuten **Deckbrettchen** verwendet. Sie bestanden aus vielen nebeneinander liegenden Leisten, die einzeln entfernt oder aufgelegt werden konnten.

Deckbrettchen sind nicht durchsichtig und erfordern etwas mehr Arbeitsaufwand, allerdings kann man eine Beute mit Deckbrettchen nur teilweise, also partiell aufdecken. Diese Möglichkeit besteht auch in der Oberträgerbeute, denn die Oberträger dienen nicht nur als Deckel, Abstandseinrichtung, Rähmchenersatz und Mittelwand, sondern sie haben auch die Funktion der Deckbrettchen.

Oberträgerbeute und Ergonomie

Gerade das Magazin steht in der Kritik, weil mit der Betriebsweise das Heben schwerer Lasten verbunden ist. Grundsätzlich sollte man Schweres so heben, dass die Last nah am Körper ist, dieser beim Heben wenig verdreht wird und dass das Gewicht möglichst auf einer Ebene bewegt wird. Freistehende Lagerbeuten, die auf einer Ebene von allen Seiten bearbeitet werden können, gelten dabei als besonders **rückenschonend**.

Oberträgerbeuten erfüllen diese Bedingungen zum Teil. So befinden sich alle Waben auf einer Ebene. Allerdings sind sie bei aufgehängten Beuten nur zu bearbeiten, wenn Sie selbst hinter der Beute stehen. Um den Rumpf nicht mit jeder Wabe verdrehen zu müssen, können Sie sich seitlich zur Beute stellen. Die Waben werden dann neben dem Körper gehoben, was nicht ideal, aber auch nicht schlimm ist, weil Sie meist nur eine Wabe halten, also nicht allzuviel Gewicht auf einmal.

Möchten Sie sich nicht so weit über die Beute bücken, können Sie den Stockmeißel als Armverlängerung benutzen, indem Sie mit dem abgewinkelten Teil auf der Fluglochseite unter das äußere Ende des Oberträgers greifen. Benutzen Sie einen Wabenbock (siehe Zeichnung Seite 28) oder Ähnliches, hilft es, um sich nicht mit der Wabe bücken zu müssen, diesen auf einen Tisch oder eine Schubkarre stellen. Kleinteile finden auf der Nachbarbeute einen Platz auf gleicher Höhe.

Kleiner Exkurs: Heben und Wiegen

Unterschätzt wird häufig die Summenwirkung von Gewichtsbelastungen. Läufer tragen möglichst leichte Schuhe, da ein paar Gramm mehr bei vielen Schritten einen Riesenunterschied machen. Beim Imkern zählt nicht nur das Gewicht von Zargen und Beuten, sondern auch das jeder Wabe. Muss ich zum Betrachten zum Beispiel viele große (Dadant-)Waben auf Augenhöhe halten, summiert sich dies.

Beim Betrachten ist zu beachten, dass die rähmchenlosen Waben schlecht von oben betrachtet werden können, weil sie nicht auf die Seite gedreht werden dürfen. Gut ist es dann, wenn Sie sie zum Betrachten einseitig auf den Kopf eines Pfahls, an dem die Beute aufgehängt ist, auflegen können (siehe dazu Zeichnung Seite 27).

> **Gut zu wissen**
> Ein Vorteil ist es, dass man zum Anheben der Waben nicht, wie bei der Imkerei mit Rähmchen im Allgemeinen, in das Volk hineingreifen muss. Nur die Unterseite des Oberträgers ist Teil des Bienenraumes. Daher werden die Oberfläche und die Seitenteile der Oberträger kaum von den Bienen belaufen und es besteht viel weniger die Gefahr, eine Biene zu quetschen.

Zur Schonung der Wirbelsäule sollten auch zum Transport von honigschweren Waben entsprechende Ableger- oder Transportkisten bereitstehen. Oder Sie sind konsequent in der rähmchenlosen Arbeit und schneiden die Waben direkt bei der Entnahme ab. Nebenbei sind sie dann auch nicht mehr stoßempfindlich. Einen oder besser zwei Eimer mit abgeschnittenen Honigwaben lassen sich leichter in je einer Hand hängend transportieren als eine sperrige Kiste. Die Eimer müssen nur wenig angehoben werden und bringen die Last näher an den eigenen Schwerpunkt.

Allein oder zu zweit?
In der Hobbyimkerei sollten alle Dinge bequem zu handhaben sein, da eine Mechanisierung meist in keinem Verhältnis zur Anzahl der gehaltenen Bienenvölker steht. Es geht also darum, ob etwas mit einer oder mit zwei Personen gehoben werden kann. Idealerweise sollte eine besetzte Oberträgerbeute mit zwei Personen gehoben oder getragen werden können, eine leere oder auch ein besetzter Ablegerkasten durch eine Person.

Das Maß aller Dinge: die 12,5-kg-Eimer-Wirtschaft
Ein Honigeimer sollte auf jeden Fall allein zu handhaben sein. Falls dies nicht möglich ist, etwa beim Austausch einer besetzten Beute zu Reparaturen oder Wartungen oder zur Bildung eines Fluglings, ist es besser, die Waben umzuhängen, statt den gesamten Kasten zu bewegen. So liegt es nahe, nur Eimer mit maximal 12,5 kg Fassungsvermögen zu benutzen. Sie schließen dicht und sind vielseitig verwendbar. Sie können beispielsweise in einen handelsüblichen Einkochautomaten ins Wasserbad gestellt werden, um Honig sanft zu erwärmen (siehe dazu auch Seite 107).

Immer schön ausgewogen
Was für das Heben gilt, gilt auch für das Wiegen. Personenwaagen, die sich zum Wiegen anderer Beuten auf einer Unterlage gut eignen, sind für Oberträgerbeuten relativ unpraktisch. Durch ihre langgestreckte und flache Form neigt die Oberträgerbeute zu Ungleichgewichten und kann deshalb leicht kippen. Die ideale Waage dafür ist die **Federwaage**. Sie besticht durch eine Reihe von Eigenschaften. Sie ist leicht, gut zu transportieren und braucht keine ebene oder feste Unterlage.

Das Wabenmaß – damit müssen Sie rechnen
Beim Wabenmaß liegen die Oberträgerbeuten je nach Beutenmaß im oberen Mittelfeld. Dadurch sind sie relativ leicht zu handhaben, denn kleinere Waben erhöhen den Arbeitsaufwand, weil mehr Waben kontrolliert und bearbeitet werden müssen. Größere Waben gehen auf den Rücken des Imkers, sie sind schwer, was sich beim Heben vielen Waben addieren kann.

Bienenknigge und Dresscode
Ganz in Weiß und Hut mit Schleier, nein, es geht nicht um die Fernsehübertragung einer Hochzeit. Kleider machen Leute und wer einen guten und respektvollen Umgang pflegt, der beachtet dies im Umgang mit Kun-

> **Gut zu wissen**
> Alles, was mit einer oder zwei Personen gehoben werden kann, lässt sich auch mit einer oder zwei Federwaagen auswiegen. Dabei geht es um Futter- und Honigmengen, Kunstschwärme oder den Futterzustand von Völkern.

Übersicht über die Wabenmaße bei verschiedenen Beutensystemen				
Bezeichnung	Länge oben cm	Länge unten cm	Höhe cm	Wabenfläche cm²
Dadant Honigraum	42,8	42,8	12,2	522
Deutsch Normal (DN)	35	35	20	700
Kuntsch hoch	23	23	31	713
Zander	40	40	19,1	764
Oberträgerbeute (Kumasi)* Trapezfläche = 0,5 × (Innenmaß Länge oben + Innenmaß Länge unten) × Innenmaß Höhe	42,8	18,6	25	786
Langstroth	42,8	42,8	20,3	896
Dadant Brutraum	42,8	42,8	25,6	1096

* Unter der Annahme eines Innenmaßes der Beute von 44,5 × 19 × 28 cm und einer Verjüngung der Oberträger an den Enden um 1 cm. Weiter wird angenommen, dass die Bienen einen seitlichen Abstand von ca. 0,8 cm zu jeder Seite unverbaut lassen. Bei allen anderen Waben wird davon ausgegangen, dass die Bienen die Waben voll ausbauen und es keinen Wildbau am Unterträger gibt.
Quelle: Wikipedia

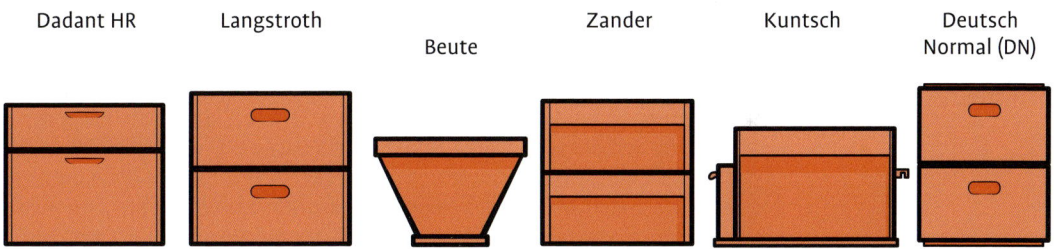

Wabengrößen und -formen im Vergleich. Der Trend zu größeren Wabenmaßen soll auch der Natur der Biene entgegenkommen. Da in der Oberträgerbeute keine Rähmchen gebraucht werden, spielt der mit Rähmchen kleinerer Wabenmaße verbundene Arbeitsaufwand keine Rolle.

den oder bei Arbeit und Sport sowie beim Umgang mit seinen tausenden wehrhaften Damen. Wer daherkommt wie ein Bär, dunkel, wollig und sich womöglich noch vor dem Flugloch aufbaut und hektisch bewegt, wird von den Bienen auch genau so behandelt.

In geschlossene Schuhe krabbeln oder fallen keine Bienen und geschlossene Kleidung und Schuhe schützen auch vor wirklich gefährlichen oder unangenehmen Mitgeschöpfen wie Bremsen und Zecken. Auf einem weißen Overall lässt sich so manche Zecke schon auf ihrem Weg zum Ziel erkennen und abfangen. Sogar Gummistiefel könnten auf Standorten mit Zecken und nassem Gras durchaus schicklich, da angebracht sein.

Ein **Imkerhut** mit **Schleier** behindert zwar die Sicht und Handschuhe mit Stulpen lassen einen das nötige Feingefühl für die Laune der Bienen vermissen, trotzdem sollten sie stets in erreichbarer Nähe liegen, denn

- ein geöffnetes Volk muss immer wieder in Ruhe geschlossen werden können, auch wenn man sich bei der Wahl des richtigen Augenblicks grässlich vertan hat,

> **Bienen mögen es ruhig**
> Am besten kommen Sie in geschlossener heller Kleidung zu Ihren Bienen, nähern sich dem Flugloch in gebückter Haltung und machen keine ruckartigen Bewegungen.

- es ist viel besser, in Ruhe und ohne Angst zu arbeiten, als hektisch und unbesonnen durch falsches Heldentum aufzufallen. Überzogenes Anspruchsdenken an Hobby- und Gelegenheitsimker kann schnell das Ende eines tollen Hobbys bedeuten.

Außerdem: Durch die Kleidung gibt man auch seinen Mitmenschen ein deutliches Zeichen, wie nah sie gerade herankommen sollten. Man kann sich kaum vorstellen, wie viel Respekt älteren Männern mit Damenhüten entgegengebracht wird – wenn sie von so vielen fleißigen Mädels umschwärmt werden.

Arbeiten mit der Oberträgerbeute

Um die Handhabung der Oberträger zu erleichtern, ist es wichtig, dass die Oberkanten der Seitenwände schräg nach außen abfallen. Bei einem senkrechten Zuschnitt der Seitenteile wird dies durch die sich nach unten verjüngende Schräge der Stirnteile vorgegeben. So liegen die Oberträger nur mit einer schmalen Linie auf der Innenkante der Seitenteile auf und die Seitenränder werden von den Bienen weniger stark verbaut. Oberträger sind keine Rähmchen. Die Wabe muss selbst standfest sein und deshalb verlangt der Umgang mit ihnen mehr Vorsicht.

Entnahme nach oben

Die Oberträger können leicht einzeln nach oben herausgehoben und hin- und hergeschoben werden. Zum Hochhebeln wird der Stockmeißel in den offenen Winkel zwischen Oberträger und Seitenwand der Beute eingeführt. Bei stark gefüllten Beuten kann es vorkommen, dass Bienen in Bärten unten an den Wabenrändern hängen. Bienen, die sich nicht auf der Wabe halten können, fallen in die Beute zurück. Bienen können auch abfallen, wenn Sie zur Erweiterung, Wabenerneuerung oder nach dem Ausschneiden von Drohnenbrut Oberträger mit Anfangsstreifen neu ausziehen müssen, denn dann hängen sie in Baugirlanden an und zwischen den Oberträgern oder Waben. Damit keine Bienen gequetscht werden, wenn man eine Wabe entnimmt, streift man solche Bärte teilweise auch gezielt an der Oberkante der Nachbarwabe ab.

> **Gut zu wissen**
> Die Waben sollten nur geschoben werden, wenn im Rahmen der Bearbeitung im Stock bereits die seitlichen Wachsbrücken entfernt wurden, damit an den Seiten keine Bienen durch die Waben gequetscht oder randständige Honigwaben aufgerissen werden.

Verschiebung im Block

Das Schieben mehrerer Waben auf einmal bringt den Vorteil, dass sie nicht einzeln angefasst und weitergehängt werden müssen. Außerdem entstehen beim Umhängen mehrerer Waben nacheinander zwangsläufig Abstände dazwischen. Durch diese Öffnung der Wabengasse fühlen sich immer wieder Arbeiterinnen aufgerufen, zur Abwehr aufzufliegen. Beim Schieben passiert das nicht.

Waben lösen

Bewegen Sie während der Bearbeitung eine Wabe zum ersten Mal, muss sie gelöst werden, denn die Bienen haben sie mit Kittharz fest verbaut. Hierzu wird die Wabe an einem Ende leicht mit dem Stockmeißel angehebelt.

Wurden bereits Waben entnommen und dadurch Platz geschaffen, ist es besser, die scharfe Klinge des Stockmeißels horizontal von der Stirn-

Arbeiten mit der Oberträgerbeute

Wabenhandhabung

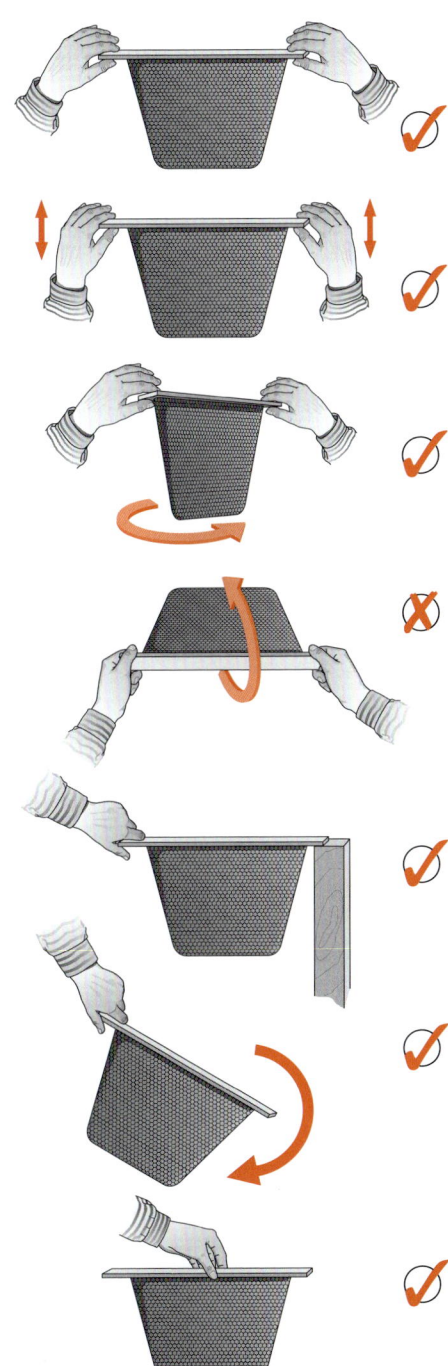

Standardhaltung: beidseitig an Ohren greifen

Aus Standardhaltung nach oben und unten führen zum Betrachten, Umhängen …

Über Längsachse drehen (zum Beispiel zum Abstellen auf Oberträger)

Ein Drehen über die Wabenseiten ist nicht möglich und führt ohne Verstärkung (U-Draht o.Ä.) zu Wabenbruch

Einseitiges Ablegen schafft eine freie Hand

Einhändiges Halten durch Loslassen und Abschwingenlassen einer Seite

Einhändiges Halten durch Greifen in der Mitte

Gut zu wissen

An windstillen Tagen ist es sogar möglich, die Waben auf den Kopf zu stellen, etwa weil man sie gerade von Bienen befreit hat nicht ins Volk zurückhängen möchte. Dazu dürfen sie aber nur über die Längsachse gedreht werden (siehe Zeichnung Seite 27. Ins Gras oder auf die Erde sollten Sie die Waben nie legen oder stellen. Sie sollten aus hygienischen Gründen nicht mit Erde in Berührung kommen und könnten beim Legen auf die Wabenfläche leicht brechen.

seite des Oberträgers zwischen zwei Oberträger zu stemmen. Die Waben sollten von einer Seite auseinandergehebelt werden, damit keine Gefahr besteht, dass sie im unteren Teil an die Seitenwände gedrückt werden.

Waben ablegen

Soll die Wabe in einer Hand gehalten werden, um die andere Hand freizubekommen, kann eine Oberträgerseite auf einem Pfahl oder dem Beutenrand abgelegt werden. Alternativ greift man den Oberträger mittig (siehe Zeichnung Seite 27: 5 und 7).

Sind vielen Waben zu bearbeiten, kann dies jedoch anstrengend sein. Dann ist es besser, die Wabe nur einseitig mit dem Oberträger nach unten hängen zu lassen (siehe Zeichnung Seite 27: 6)

Der Oberträger kann auch auf dem Deckel abgestützt oder um den Oberträger als Achse gedreht werden (siehe Zeichnung Seite 27: 3).

Waben lagern

Um Wabe aus der Hand zu legen oder zwischenzulagern, braucht man einen Wabenbock. Ich benutzte dazu eine Klappkiste, die mit einem Holzrahmen erhöht wurde, sodass die Bienenwaben der Oberträgerbeute ganz hineinpassen. Die Außenmaße der Klappkiste passen genau zur Länge der Oberträger. Der geschlossene Kistenboden verhindert, dass Bienen und auslaufender Honig im Gras landen. Die offenen Seiten halten die Bienen

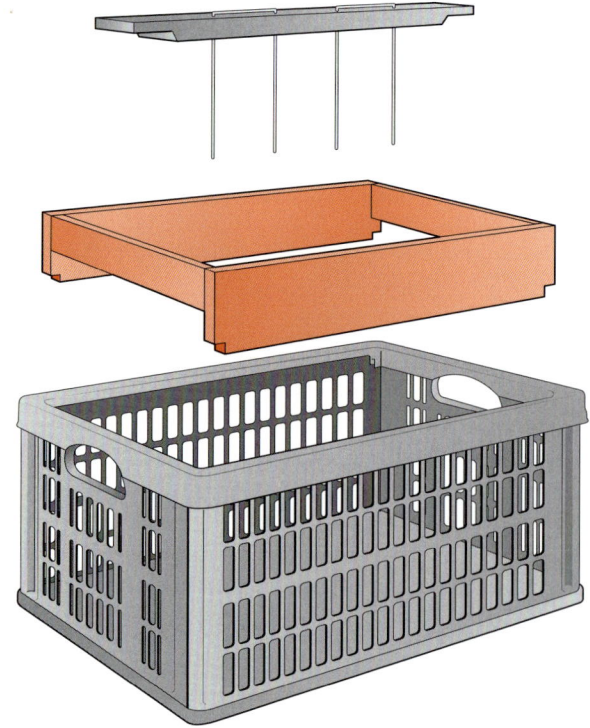

Praktisch: ein Wabenbock, ganz einfach aus einer erweiterten Standard-Klappkiste und einem Aufsatz konstruiert.

davon ab, von der Wabe auf den Wabenbock zu wechseln. Dies vereinfacht das Rückhängen der Waben mit allen Bienen.

Waben von Bienen befreien
Wollen Sie nur einen kleinen Teil einer Wabe bienenfrei bekommen, zum Beispiel um in die Brutzellen hineinschauen zu können, reicht normalerweise ein leichter Rauchstoß oder das Tupfen mit der Hand auf die aufsitzenden Bienen. Dagegen sind Abstoßen, Abfegen oder Abschlagen verschiedene Wege, eine besetzte Wabe oder einen Gegenstand frei von ansitzenden Bienen zu machen.

Abschlagen
Hierbei wird die Wabe mit einer Hand am Oberträger über die Beute oder Unterlage gehalten, auf die die Bienen abgeschlagen (abgestoßen) werden sollen. Auf diese Hand schlägt man kurz und kräftig mit dem Handballen der anderen Hand. Wie das Anspielen einer zweiten Kugel beim Billard wird die schlagartige Abwärtsbewegung an die Bienen weitergegeben und sie fallen ab.

Soll ein Deckbrett oder Ähnliches von Bienen befreit werden, können die Bienen auch abgestoßen werden. Dazu stoßen Sie den Gegenstand möglichst mit beiden Händen kurz auf die Oberfläche auf, auf die die Bienen fallen sollen. Einfacher ist es, solche Gegenstände mitsamt Bienen zwei bis drei Meter entfernt abzustellen. Die Bienen geben sie dann schnell auf.

Abschütteln
Dabei wird die Wabe rund 7 bis 10 cm aus dem Bienenkasten herausgehoben oder über eine Unterlage gehalten. Dann schüttelt man die Wabe in schneller Reihenfolge etwa fünfmal stoßartig etwa 5 cm auf- und ab. Dabei sollte die Wabe die Unterlage oder Beute nicht berühren.

Abfegen
Hierzu wird heutzutage fast ausschließlich ein spezieller vorher angefeuchteter Bienenbesen benutzt. Die Borsten sprühen Sie mit Wasser ein, walken Sie dann kurz mit der Hand durch und schlagen das meiste Wasser wieder ab. Um kein Wasser in den Honig einzubringen, sollte der Besen gerade bei der Honigernte weich, aber nicht nass sein. Mit vielen kurzen, schnell aufeinanderfolgenden Schwüngen werden die Bienen von der Wabe gekehrt, nicht aber über die Wabe gerollt.

Das Abfegen schließt sich häufig an das Abstoßen oder -schütteln an, um man überhaupt keine Bienen mehr auf den Waben zu belassen. Auch honigschwere Waben oder solche mit wertvollen Weiselzellen (Königinnenzellen) werden, um Beschädigung zu vermeiden, vor allem bei rähmchenloser Imkerei, wird abgefegt und auch, weil gedeckelte Brut phasenweise sehr erschütterungsempfindlich ist.

> **Gut zu wissen**
> Abschlagen ist die schnelle Methoden Bienen von der Wabe zu bekommen, wenn man sie zum Beispiel Bienen für einen Ableger braucht oder Waben ohne Bienen umhängen will.

> **Gut zu wissen**
> Diese Methode eignet sich besonders, wenn einzelne Waben ohne Bienen aus einer Beute entnommen werden sollen.

Arbeiten im Bienenjahr

Als der Beginn des Bienenjahres wird häufig, abweichend vom Kalenderjahr, das Auffüttern zwischen Juli und September (siehe Tabelle unten) angesehen. Für Laien einleuchtender ist die Beschreibung der „Bienensaison", die im Frühjahr mit den Reinigungsflügen beginnt und mit der Spätsommerpflege im Oktober endet. Davon unabhängig sind die Tätigkeiten außerhalb der Saison, wozu insbesondere die Winterbehandlung gegen die Varroamilbe gehört. Arbeitsspitzen beim Imkern liegen im Frühjahr und im Spätsommer.

Die regelmäßigen Kontrollen während der Bienensaison verbindet man am besten mit wichtigen anderen Arbeiten. Auch wenn die Tätigkeiten einem gewissen Rhythmus folgen, so sind sie doch stark vom Witterungs- und Entwicklungsverlauf der Bienenvölker abhängig. Daher dienen die Kontrollen auch dazu, festzustellen, welche weiteren Arbeiten gerade notwendig sind oder bald nötig sein werden.

Imkerliche Betriebsweise

Jeder Imker wird mit den Jahren die situative Bearbeitung durch eine eigene Systematik ersetzten. Diese umfasst neben den notwendigen Eingriffen und Tätigkeiten eine Auswahl geeigneter Methoden und Verfahren, die besonders gut auf die eigenen Bedingungen und dem Stand der vorhandenen Technik angepasst sind. Diesen Bearbeitungsplan nennt man auch Betriebsweise.

Aber auch imkerliche Betriebsweisen unterliegen der Mode. Nach Stand der Technik, Ressourcen wie Bienenmaterial, Futtermittel, Tracht, Transportmittel und dem Wert von Arbeit stellen sich an eine gute

Die wichtigsten regelmäßigen Arbeiten mit der Oberträgerbeute	
Tätigkeiten	Monat
Auswinterung	März–April
– Futterkontrolle	
– Totenbeseitigung	
– Auflösen	
Platzanpassung, Wabenerneuerung	April–Juli
Vermehrung	April–Juli
– Schwarmkontrolle	
– Königinnenerneuerung (unendliches Leben)	
– Völkervermehrung	
Honiggewinnung	Juni–Juli
Auffütterung	Juli–September
Varroabehandlung und Seuchenprophylaxe	April–Februar
Wartung, Reparaturen, Neuherstellung	Oktober

Betriebsweise verschiedene Hauptanforderungen. Aktuell gehen die Trends hier zu:

- **Großraumbeuten**, um die Bienen in starken Völkern überwintern zu können. Die Großraumbeuten verfügen über einen langen Zehrweg, was die Bienen vor dem Verhungern im Winter schützt. Außerdem können sie sich im Frühjahr ohne Raumeinschränkungen rasch und früh entwickeln und sollten im ganzen Jahr nicht in Platznot kommen, sodass eine daraus resultierende Schwarmstimmung unterbleibt.
- **Vermehrung** über **Schwärme**. Mit Kunstschwärmen ist man variabel, was Beuten und Rähmchenmaße angeht:
    1. Frühzeitige Bildung und **große Braträumen** machen weitere schwarmverhindernde Maßnahmen einschließlich wöchentlicher Volkskontrollen weitgehend überflüssig.
    2. Faktorenseuchen werden durch **Bauerneuerung und Brutpause** unterdrückt.
    3. Eine **Unterbrechung der Varroaentwicklung** ist gegeben und kann zum Beispiel durch eine Milchsäurebehandlung verstärkt werden.
- **Frühzeitiges Beenden** der Bienensaison, um rechtzeitig die Varroabekämpfung einzuleiten und Spättrachtlücken gleich mit der Winterfuttergabe zu überbrücken.
- **Absperrgitter**. Hier ist der Trend uneinheitlich. Während das Arbeiten in Schichten und mit Halbzargen häufig ein Absperrgitter voraussetzt, verstärkt sich die Meinung, dass ein Absperrgitter die Volksentwicklung und eine natürliche Raumanordnung behindere. Auf jeden Fall geht ein Absperrgitter immer zulasten des Brutnestes, denn die Bienen können es nicht über das Absperrgitter hinaus in den Honigraum ausdehnen. Sie können aber sehr wohl Honig im Brutraum ablagern. Die Imker sprechen von Verhonigen des Brutraums. Bei späten Trachten und engem Brutraum wird das Brutnest häufig zu stark eingeschränkt, sodass zu wenig Brut für ein starkes Überwinterungsvolk aufgezogen wird.

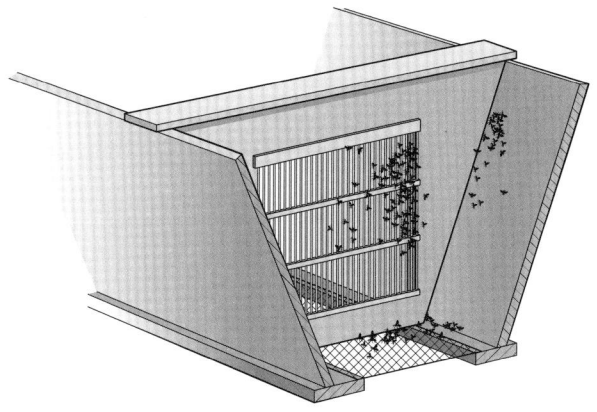

Ein Absperrgitter kann einfach auf ein entsprechend ausgeschnittenes Schied angebracht werden. Die Oberträgerbeute kann auch ohne Schied betrieben werden, sodass die Verwendung unüblich ist. Im Gegensatz zu anderen Beutensystemen wird in ihr das Imkern durch ein Absperrgitter eher erschwert.

Betriebsweise bei der Oberträgerbeute

Die genannten Trends gelten zum Teil auch für die Oberträgerbeute.

- Der **Großraum** für Überwinterung und Frühjahrsentwicklung ist genauso vorhanden wie der relativ lange Zehrweg.
- Auch ist die Bildung von **Kunstschwärmen** der übliche Weg zu Völkervermehrung und Schwarmlenkung. Ebenso sind frühes Abräumen und Auffüttern in jedem Fall möglich.
- Auf ein **Absperrgitter** verzichte ich fast vollständig. Einmal, weil es im Zweifelsfall zulasten der Bienen geht und zum anderen, weil die Trennung allein durch die Raumaufteilung der Oberträgerbeute allen Vorurteilen zum Trotz auch ohne Absperrgitter hervorragend funktioniert. Nur zur Abtrennung von alten Waben, die bei nächster Gelegenheit entnommen werden sollen, habe ich das Absperrgitter in den letzten Jahren schon genutzt, und zwar bis die Brut aus den Waben ausgelaufen (geschlüpft) ist. Aber hierbei überwiegen die Nachteile. Das Brutnest wird für Wochen stark eingeschränkt und die Bienen könnten die Zeit besser nutzen, um neue Brut in frisch gebauten Waben aufzuziehen, wenn man dazu bereit ist, ein oder zwei Brutecken mit den darin befindlichen Varroamilben zu zerstören. Durch das Umhängen der Waben in die fluglochfernen Randbereiche wird neue Brut nicht mehr in den äußeren Waben angelegt. Ein vielleicht schwach erscheinendes Argument, das in der Praxis aber bedeutender ist, als man denkt, da man mit einem Absperrgitter Platz für eine Wabe verliert.
- Von regelmäßigen Kontrollen in der **Schwarmzeit** von April bis Juni in der Regel kommt man nicht ganz weg. Durch das eingeschränkte Beutenvolumen muss regelmäßig Platz geschaffen werden, sodass die Bienen stets zwei ganze Waben bis zur nächsten Woche ausbauen könnten. Hier wird deutlich, wie wichtig Ablegerkästen zur Bildung von Zwischenablegern sein können.

Beispiel für einen Problemlösungsplan			
Tätigkeiten	Mögliche Umsetzung	Konsequenz	Entscheidung
Auswinterung			
Futterkontrolle	Zwei Federwaagen erforderlich	Nettogewicht ermitteln	Angenommen
	Sichtkontrolle (schätzen)	Volk öffnen	Verworfen
Totenbeseitigung	Auskratzen mit Gabelhacke (siehe Seite 39)	frühestens bei Inspektion	Angenommen
	Gemüllkrücke	Eingriffsklappe erforderlich	Verworfen
Auflösen	Abfegen Ende März	evtl. Krankheitsübertragung	Verworfen
	Abfegen im April nach erster Inspektion	evtl. Zusammenbruch	Angenommen
	Abfegen im März nach erster Inspektion	Frühe Störung	Verworfen
...	...	...	...

Vorausdenken ist angesagt
Bei Berufsimkern rücken Betriebsweise und Vermarktung in den Vordergrund. Aber auch beim Hobbyimkern sollten Sie nicht blauäugig ins Bienenjahr gehen. Für die wichtigsten Arbeiten und Maßnahmen ist es gut, sich bei Zeiten entsprechende Antworten einfallen zu lassen, da sonst für eine angemessene Reaktion vielleicht Material oder Ressourcen fehlen.

Die Durchsicht

Im Idealfall handelt es sich bei bei jeder Durchsicht der Bienen um einen „geplanten Eingriff". Je nach Jahreszeit verbindet man die Durchschau eines Volkes mit notwendigen Maßnahmen. Oder Sie überlegen sich vor dem Eingriff, welche Situationen entsprechend der letzten Inspektion oder der Jahreszeit typischerweise auftreten könnten. Und jetzt spielen Sie wie ein Rennrodler, der seine Eisbahn vor dem Start im Kopf abfährt, den gesamten Eingriff in Gedanken durch. Dabei erkennen Sie schnell, welche Materialien bereitstehen und auf welche Kennzeichen Sie achten müssen.

Dabei sollten Sie nicht vorschnell handeln, denn vor allem als Einsteiger können Sie ja nur typische Anzeichen, nicht aber die Zusammenhänge sofort erkennen. Erst mit der nötigen Erfahrung werden Sie, wie ein Schachspieler, in der Lage sein, den Zusammenhang in typischen Spielsituationen direkt zu sehen.

Der erste Blick
Die Inspektion beginnt immer mit einer Beobachtung des Umfeldes und des Fluglochbetriebes aller zusammenstehenden Völker. Dies ist wichtig, denn nach der ersten Rauchgabe, dem Lösen des Deckels oder durch Arbeiten auch am Nachbarvolk, tritt für die Bienen eine Störung der normalen Abläufe auf.

Fluglochbeobachtungen	
Auffälligkeit	Mögliche Ursache
Starker Flug	Massentracht, Räuberei
Pollenhöschen gefüllt	Brut vorhanden
Kaum Flugaktivität	Schwarmstimmung, schlechte Witterung, Weisellosigkeit
Vorhängende Bienen (vorlagernd)	Trachtmangel, Platznot, Hitze
Rangeleien zwischen Arbeiterinnen	Räuberei
ausgeräumte Brut	Unterkühlung (zu viel Platz), Hunger, Kalkbrut
Rangeleien zwischen Drohnen und Arbeiterinnen	Drohnenschlacht, Ende der Vermehrungsphase
Massenauszug von Bienen	Schwarm
Hornissen ergreifen Arbeiterinnen	Hornissennest in der Nähe
Fehlende Teile oder Beschädigungen an den Beuten	Vandalismus, Wetterereignisse, Materialermüdung

Wie Rauch auf Bienen wirklich wirkt – Rauchzeichen

Rauch signalisiert den Bienen Feuergefahr und das bedeutet im schlimmsten Fall, dass die Waben schmelzen. Sie reagieren daher wie auf nahenden Buschbrand und bereiten sich zur Flucht vor, indem sie ihre Honigmägen mit Notproviant füllen. Das macht sie behäbiger: „Voller Bauch kämpft nicht gern." Das ist gut für den Imker. Der Ausspruch: „Rauch beruhigt die Bienen", ist allerdings von der Wirklichkeit weit entfernt.

Rauchgabe

Nach der Fluglochkontrolle geben Sie mit dem Smoker ein paar kurze Rauchstöße durch den Drahtgitterboden oder die Fluglöcher. Ungefähr ein bis zwei Minuten danach kann man das Volk öffnen. Nur wenn Sie die Königin suchen müssen, ist es manchmal sinnvoller, die Rauchmenge zu reduzieren oder darauf zu verzichten. Da Sie bei der Oberträgerbeute nicht von oben auf das Brutnest schauen können, hilft zum Suchen der Königin der Verzicht auf Rauch allerdings sehr viel weniger als in anderen Beutensystemen. Bei sehr kurzen Eingriffen könnte man ebenfalls auf die Rauchgabe verzichten, aber das weiß man meistens nicht vorher.

Rauch wirkt am besten, bevor man das Volk gestört hat. Es gaukelt den Bienen eine andere Gefahr vor als die, die da in Wirklichkeit kommt und ist somit ein Ablenkungsmanöver. Klar ist jedenfalls, dass ich, nachdem ich erst mal als Einbrecher erkannt worden bin, die Bienen mit Rauch vielleicht zurückdrängen, aber nicht mehr überlisten kann.

Immer der Reihe nach

- Die Inspektion beginnt von einer Seite. Idealerweise grenzen ein paar lose Oberträger den Raum hinter beziehungsweise neben einem Schied zu dem mit den Bienen besetzten Raum ab. Diese Oberträger ohne Waben werden entnommen und auf dem Draht, an dem die Beute aufgehängt ist, aufgelegt. So stehen sie schnell wieder zur Verfügung und müssen nicht ins Gras gestellt werden.
- Möchten Sie vor dem Öffnen wissen, inwieweit die Bienen die Waben in einer Oberträgerbeute ausgebaut haben, spielen Sie Oberträger-Xylofon. Durch Abklopfen mit den Fingerspitzen hören Sie je nach Füll- und Ausbauzustand einen unterschiedlichen Klang.
- Anschließend wird gegebenenfalls das Schied entfernt und Sie beginnen mit dem Stockmeißel die Oberträger der ausgebauten Waben zu lösen. Dazu fahren Sie entweder waagerecht unter die äußeren Enden (Ohren) der Oberträger und hebeln sie wenige Millimeter nach oben. Wurden bereits Waben entnommen wurden, stemmen Sie den Stockmeißel hochkant zwischen zwei Oberträger und hebeln diese an einer Seite 5 bis 10 mm auseinander.
- Jetzt lösen Sie die Waben nach und nach und schieben sie zur Seite. Befindet sich in der Beute kein Raum, um einen Abstand zwischen gelösten und unberührten Waben zu schaffen, entnehmen Sie einzelne Waben und hängen sie in einen Wabenbock.

Die Durchsicht 35

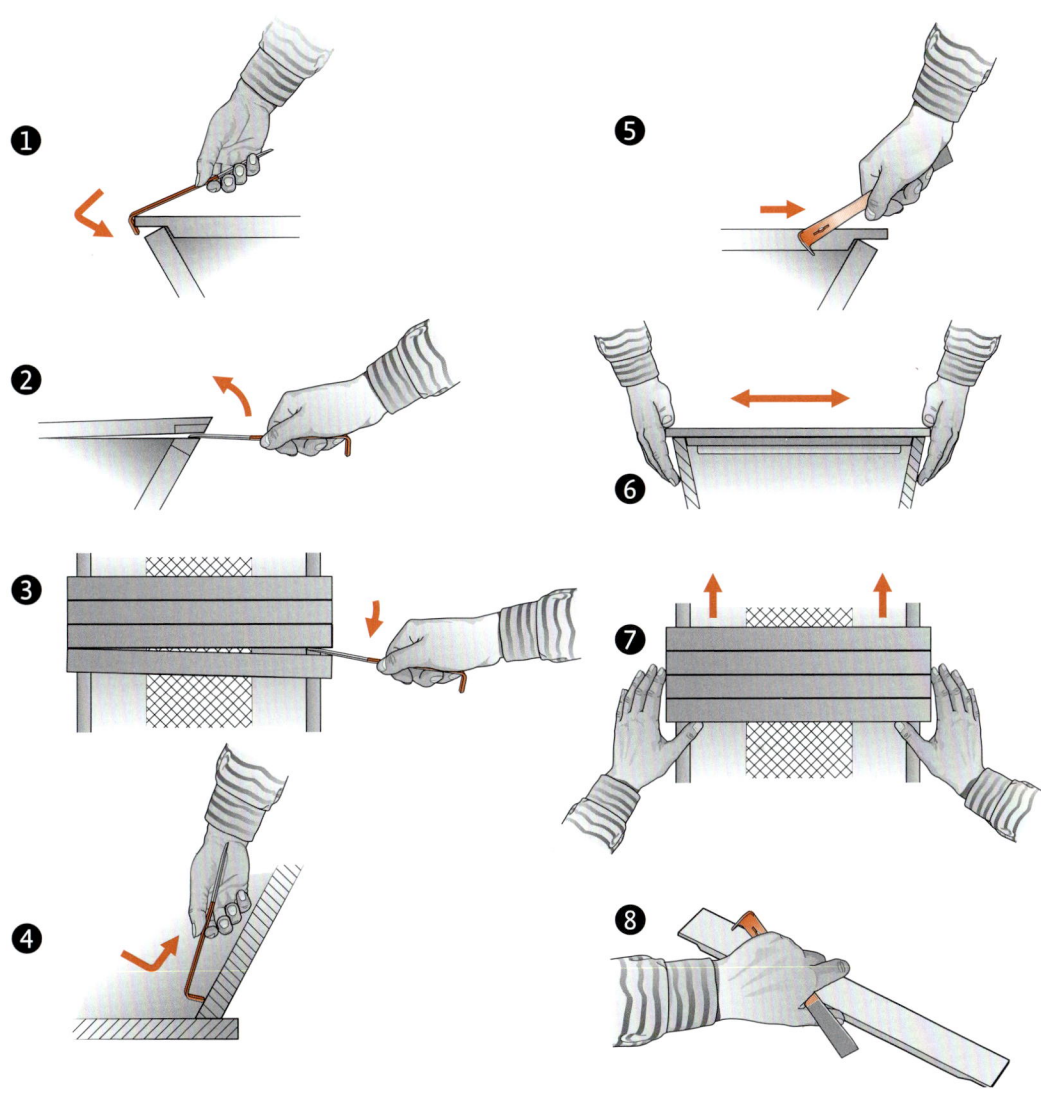

Der Stockmeißel mit seinen universellen Einsatzmöglichkeiten ist die dritte Hand des Imkers – auch bei der Arbeit mit der Oberträgerbeute.
(1) Halten von Stockmeißel und Oberträger in einer Hand.
(2) Stockmeißel als Armverlängerung.
(3) Aufhebeln von unten.
(4) Seitliches Auseinanderhebeln.
(5) Auskratzen und Bodenreinigung über die Seiten der Beute.
(6) Abschaben der Oberträgerseiten von Kittharz.
(7) Gefühlvolles Ausrichten der Oberträger durch Anlegen der Fingerspitzen an die Seitenwände.
(8) Blockweises Verschieben mehrerer Oberträger.

Gut zu wissen
Die Flex leistet als Abdeckung gute Dienste, weil sie nach Belieben ganz oder teilweise zurückgeschlagen werden kann.

Vor oder bei der Bewegung der Waben ist es wichtig, auf eventuelle Wachsbrücken zu achten und diese zu zertrennen (siehe Zeichnung Seite 79). Achten Sie dabei gleich schon auf Honig, Futterkränze und Pollen. Die Brutwaben kommen nach den Pollenwaben.

Im Frühjahr kann die Inspektion mit der Kontrolle nach vorhandenen Futterkränzen und der ersten Brutwabe bereits beendet werden. Sonst machen Sie weiter, bis alle Waben bis auf die gegenüberliegende Randwabe gelöst sind.

Offene Wabengassen können Sie mit nackten Oberträgern oder einer Flex, einem Gittergewebe, das an zwei gegenüber liegenden Enden zwischen zwei Leisten gespannt wird, abdecken. Diese Art der Abdeckung wurde in Südamerika zum Umgang mit aggressiven, afrikanisierten Bienen entwickelt und hat sich dort bewährt. Wenn Sie etwas mehr Zeit investieren möchten, schieben Sie die gelösten Oberträger wieder sauber zusammen.

Wabenkontrolle und -pflege

Ab jetzt arbeiten Sie rückwärts. Die Waben werden einzeln in die Hand genommen und nach Brutstadien, der Königin, Weiselzellen, Krankheitsanzeichen, Futter oder Honig, Wabenzustand und so weiter durchgeschaut.

Sind einzelne Bereiche der Waben nicht einsehbar, weil sie mit Bienen besetzt sind, können Sie diese vertreiben, indem Sie sie leicht und sanft mit der offenen Hand antupfen. Wenn möglich, betreiben Sie noch Wabenpflege, indem Sie die Waben ausrichten oder trimmen (siehe unten) und schließlich überflüssiges Wachs und Kittharz von den Oberträgern und den gerade freiliegenden Innenwänden der Beute abkratzen (siehe Zeichnung Seite 35-5).

Gütenzeichen für Waben sind
- möglichst gerade,
- vollständig ausgebaut,
- mittig am Oberträger angesetzt.

In der Oberträgerbeute sorgt die Honigernte durch das Auspressen der Waben auch dafür, dass beständig neue Waben im Bienenvolk ausgebaut werden. Es ist nun Ihre Sache, durch die Wabenpflege dafür zu sorgen, dass sie möglichst gut ausgebaut sind. Sehr selten biegt sich auch ein Oberträger so stark, dass er nicht weiter eingesetzt werden kann.

Die Wabenpflege beginnt mit der Herstellung der Oberträger, dem Trimmen der Oberträger während der Bearbeitung der Bienenvölker und der Wabenpflege durch systematische Bauerneuerung. Die Herstellung und Vorbereitung der Oberträger werden ab Seite 89 beschrieben.

Trimmen

Die Waben weichen in ihren mittleren Abständen meist etwas voneinander ab, denn die Bienen bilden die Randwaben breiter aus und verbauen sie unterschiedlich stark mit Kittharz. Dies führt dazu, dass die Bienen Waben asymmetrisch ausziehen oder sie an den Rändern trotz des Starterstreifens leicht gebogen ausführen.

Solche gebogenen Enden, die nahe am Oberträger liegen, können Sie mit einem Messer oder Sägeblatt 10 bis 15 cm tief einschneiden und geradebiegen. Dies ist meist möglich, bevor die Bienen dort Honig einlagern oder Brutbereiche anlegen, denn die Zellen in den oberen Wabenecken werden meist als Letztes belegt.

Drücken Sie dann die Zellen direkt unterhalb der Schnittlinie mit Daumen und Zeigefinger zur Mitte zusammen und formen Sie sie mittig zum Oberträger aus. Entfernen Sie kleine „Eselsohren" in den Wabenecken nicht, sondern biegen Sie sie mit der Hand gerade. Gehen von Waben Wachsbrücken aus, kürzen Sie diese bis zu einer glatten Linie ein.

Durch dieses Trimmen vermeiden Sie überbreite Waben, es entsteht weniger Wildbau an diesen Stellen, der auch zu Problemen durch Wabenverbauungen führen kann und Sie behalten die die Wabenbeweglichkeit bei.

Wabenabrisse

Auch wenn Waben ein Kunstwerk und Teil des Lebewesens Bien sind, so sind sie doch nicht zum menschlichen Imkern gedacht. Waben erreichen beachtliche Ausmaße und tragen hohe Lasten bei minimalem Materialeinsatz. Die regelmäßige sechseckige Form ist das ideale Konstruktionsprinzip dafür.

Für den Imker ist es wichtig, die Waben möglichst natürlich von oben nach unten und innen nach außen wachsen zu lassen und vorsichtig mit ihnen zu hantieren (siehe Seite 27). Sollte Sie auch nur den Verdacht haben, dass eine Wabe angeknickt wurde, wird diese für mindestens eine Woche gestützt. Dazu stoßen Sie zwei Zaundrahtstücke von etwa 10 cm unter dem Oberträger im Abstand von etwa 15 cm durch die Wabe, biegen den Draht an beiden Enden nach oben und verdrehen ihn über dem Oberträger. In der Regel reicht dies aus, um alles wieder in schönste Ordnung zu bringen.

Bei warmen Außentemperaturen und Massentracht kann es gelegentlich zu Wabenabrissen kommen. Zum Problem kann es werden, wenn mehrere Waben ineinander sinken.

In einem solchen Krisenfall nehmen Sie die Waben mit sauberen Gummihandschuhen aus der Beute, fegen die Bienen ab und ernten Presshonig. Dies ist normalerweise bei den stabileren Brutwaben doch noch möglich. Auch ist mir nicht bekannt, dass es schon zu ganzen Völkerverlusten durch Verbrausen infolge abgerissener Waben gekommen wäre. Die Checkliste auf Seite 38 hilft Ihnen, mit hohen Temperaturen beim Imkern klarzukommen und Ihre Bienen davor zu schützen.

Waben stabilisieren

Rein theoretisch kann man die Waben auch mit einer senkrechten mittleren Leiste, Schaschlikspießen oder Draht stabilisieren, um beispielsweise das Wandern (siehe Seite 89) zu erleichtern. Allerdings geht dabei viel von dem verloren, was den Unterschied zum Rähmchen ausmacht, sodass es den Charakter des Imkerns in der Oberträgerbeute verändert.

Zur Stabilisierung von Waben mit U-förmig gebogenen Drahtstücken werden die Längsseiten des Drahtteiles durch zwei mittige Löcher in Dicke des Drahtdurchmessers von oben durch den Oberträger geschoben. Der mittlere Teil auf dem Oberträger hält den Draht.

Der Vorteil im Vergleich zu den anderen Methoden der Stabilisierung (siehe Tafel 2, Bild 1) ist die einfache Installation, außerdem bleibt es leicht, die Wabe um den Draht zu schneiden oder den Draht wieder zu

> **Gut zu wissen**
> Zahnseide, die auch empfohlen wird, um gerissene Waben zu stützen, ist dagegen vollkommen ungeeignet. Die Bienen verfangen in den Fäden und lassen sich nicht mehr trennen.

> **Gut zu wissen**
> Werden Schaschlikspieße zum Stabilisieren von Waben verwendet, könnten Holzsplitter in den Honig gelangen.

entfernen. Die seitliche Wabenstabilität ist sehr hoch und bei fertig ausgebauten Waben ist äußerlich kein Unterschied mehr erkennbar. Bei eigenen Versuchen mit Metalldrähten in U-Form allerdings wurden diese Waben von den Bienen teilweise nur unwillig ausgebaut.

Bodenreinigung

Manche Baupläne von Oberträgerbeuten sehen für die Reinigung eine Eingriffsöffnung in Bodennähe vor. Dies kann aber den Bauaufwand und die Stabilität der Beute negativ beeinflussen. Dabei ist es sehr einfach, die Oberträgerbeute zu reinigen, denn tote Bienen oder Ähnliches lassen sich durch die schrägen Seitenwände mit geeignetem Werkzeug einfach von unten bis über die obere Kante der Seitenwand ziehen. Wem dies mit dem Stockmeißel, Schaber oder Spachtel zu müßig ist, kann stattdessen eine Gabelhacke, ein im Fachhandel oder Gartenabteilungen erhältliches Bodenbearbeitungsgerät zur Gartenarbeit oder Ähnliches ohne Stiel verwenden. Eine spezielle Gemüllkrücke, die aus einem langen Stiel mit einem Flacheisen am Ende besteht, wie sie von Hinterbehandlungsimkern verwendet wurde, ist dann auch nicht nötig.

Checkliste

Überhitzung der Beute vermeiden
- Beuten an einem halbschattigen Ort aufstellen oder mit Schattendächern versehen.
- Zwischen Blechdach und Beute 5 mm-Leisten als Abstandeinrichtung legen.
- Dämmplatte zwischen Oberträgern und Blechdeckel verwenden.
- Bei Außentemperaturen über 30 °Celsius imkerliche Arbeiten am Volk auf die frühen Morgenstunden verlegen.

Wabenstabilität erhalten
- Nach Trachtmangel und heißem Wetter leere unbebrütete Waben ausschneiden.
- Horizontale Schnitte bei Honigentnahme und Drohnenbrutentnahme bevorzugen, denn an vertikalen oder schrägen Schnittkanten werden bevorzugt Weiselzellen angelegt, was in diesem Fall nicht erwünscht ist.
- Neu gebildeten Völkern ausreichend Raum geben, damit diese den Raum von oben nach unten ausbauen können.
- Oberträgerwaben zur Honiggewinnung nicht ausschleudern, auch wenn dies theoretisch möglich wäre.
- Stöße durch Wanderung oder Ähnliches vermeiden. Gegebenenfalls Honig vorher ernten.

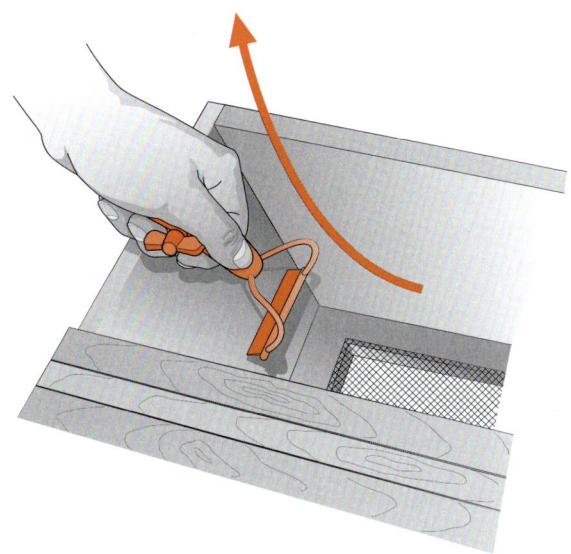

Reinigen Sie den Boden der Beute, indem Sie mit dem Stockmeißel oder einer Gabelhacke ohne Stiel das Material nach oben über die Seitenwände herausziehen. Dies ist durch die Schräge und den stumpfen Winkel zwischen Boden und Seitenwand problemlos möglich.

Wabenordnung und Wabenpflege
- Waben möglichst immer in gleicher Reihenfolge und Ausrichtung wieder in die Beute hängen. Helfen Sie sich durch eine rote Linie an einer Seite der Oberträger und systematisches Arbeiten.
- Eselsohren (krumme Ecken) nicht ausschneiden sondern geradebiegen.
- Kittharz zwischen Oberträgern regelmäßig abschaben, damit kein Wildbau in übergroßen Zwischenräumen entsteht.
- Wenn Sie sonst nicht zurechtkommen, Randwaben mit Mittelstütze oder U-Drähten zur Stabilisierung verwenden – oder auf anderes Beutensystem mit Rähmchen wechseln.
- Abgerissene oder verbaute Waben am Rande des Bienenvolkes und ohne offene Brut en bloc mit einem nicht bienendichten Schied vom Volk trennen. Gegebenenfalls als Ganzes an den Rand der Beute schieben. Die Waben von dort werden erst bei der nächsten Honigernte bei kühlerem Wetter entnommen. Teilweise lagern die Bienen die Vorräte wieder um.
- Überbaute, das heißt, auf die ursprünglichen, honigvollen Zellen wurde eine zweite Zelllage aufgebaut, oder verbaute Honigwaben möglichst rechtzeitig ernten.

> **Meine Tipps**
>
> Beim Sauberkratzen einer hängenden Beute oder des Oberträgers einer besetzten Wabe ziehen Sie den **Stockmeißel** immer auf sich zu. Stützen den zu reinigenden Gegenstand gegen den eigenen Körper ab.
> Bei der **Beute** stemmen Sie dazu den Oberschenkel gegen die schräge Seitenwand des Trogs. Sie sollten hinter hinter der Beute stehen, in der die Waben in einer Linie zum Flugloch ausgerichtet sind. Dann ziehen Sie auf der gegenüberliegenden Wand nach unten, an Seitenwänden und Boden nach hinten und an der Seitenwand, die man von außen mit dem Oberschenkel abstützt, nach oben.
> **Oberträger** halten Sie an einer Seite fest und drücken die andere gegen den Bauch. So können Sie übrigens eine Wabe auch mal mit einer Hand und Bauch ohne Ablage festhalten. Dann ziehen Sie beim Reinigen den Stockmeißel auf sich zu.
> Sie können auch den Oberträger in der Beute hängend freischaben. Falls dabei Wachsteile oder Kittharzstreifen auf den Beutenboden fallen, spießen Sie diese mit dem Stockmeißel auf und heben Sie sie aus dem Beutenraum empor.

Waben bearbeiten

Erst beim Rückhängen der gesäuberten Oberträger entnehmen Sie Waben oder schneiden Wabenteile ab oder aus. Die Bienen sollten dabei nicht mehrfach von verschiedenen benachbarten Waben gefegt werden. Müssen mehrere Waben von Bienen befreit werden, sollten diese nicht direkt zurück in den Stock gefegt oder gestoßen werden. Fegen Sie sie stattdessen auf eine vor dem Kasten aufgestellte Rampe (siehe auch Tafel 2, Bild 4), damit sie langsam über die Fluglöcher selbst zurück ins Volk krabbeln können.

Nachdem alle Waben wieder eingehängt sind, gleichen Sie den seitlichen Überstand der Waben aus, indem Sie die Oberträger von beiden Seitenenden mit den flachen Händen in die Mitte schieben. Dabei dienen die Seitenwände als Orientierung. Berühren Sie beide mit den Fingerspitzen, können Sie die Mitte erfühlen.

Normalerweise lassen sich vor dem Zusammenschieben der Oberträger die Bienen mit einem Wasserzerstäuber in die Wabengasse zurückdrängen. Doch manchmal geht einfach nichts mehr. Dann kann es helfen, die Oberträger erst einmal nur soweit zusammenzuführen, dass die Bienen sich nicht mehr zwischen den Oberträgern bewegen zu können. Danach lösen Sie einen Oberträger, um ihn gleich ganz an den anderen heranzuschieben. Oft reicht es, den Oberträger nicht seitlich an die anderen Träger heranzuführen, sondern ihn anzuheben und von oben passgenau einzuhängen.

> **Gut zu wissen**
>
> Wollen Sie die Wabe bearbeiten, auf der sich die Königin befindet, ist es besser, sie auf eine andere Wabe zu setzen oder für die Dauer der Bearbeitung in einem Weiselkäfig in der Brusttasche in Sicherheit zu bringen. Die Königin lässt man dem Volk über ein Flugloch wieder zulaufen. Aber vergessen Sie niemals das Rücksetzen der Königin!

Trick 17: Wenn die Bienen nicht wollen

Sollte dies alles nicht nützen, hilft, wenn Sie nicht mit Spacern (siehe Seite 89) zwischen den Oberträgern arbeiten, Folgendes:

Ein Streifen Zeitungspapier wird von drei Seiten um eine 5-mm-Holzleiste geschlagen und die Leiste mit der Zeitung nach unten in die

Der letzte Schritt jeder Bearbeitung ist wieder eine Kontrolle. Von dieser Regel gibt es keine Ausnahme, denn es kann sein, dass sie einen Waldstandplatz mehr als ein, zwei Wochen nicht mehr besuchen.

Schauen Sie nach, ob noch Werkzeug und Materialien herumliegen, der Smoker gelöscht ist, die Beuten geschlossen, Dächer befestigt und die Fluglöcher offen sind.

> **Wichtig**

Wabengasse, die man schließen möchte, gesteckt. So drängen Sie die Bienen unversehrt nach unten. Drücken Sie den Oberträger fest auf die Leiste mit dem Zeitungspapier und ziehen Sie die Leiste ohne den Zeitungspapierstreifen wieder heraus. Die Zeitung bleibt als Barriere. Dann schieben Sie den Oberträger einfach an die anderen Oberträger heran. Hierbei wird die Zeitung zusammengedrückt und kann einfach aus dem nun für die Bienen zu schmal gewordenen Spalt herausgezogen werden.

Waben lesen wie ein Buch

Bei der Kontrolle der Bienenvölker werden Sie neben den vorgesehen Maßnahmen besonders auf die in der Tabelle genannten Hinweise achten. Hierbei ist der Mobilbau, egal, in welcher Form, jedem anderen Haltungssystem überlegen, denn Sie können Wabe für Wabe Einblick nehmen.

Alarmzeichen im Bienenvolk	
Beobachtung	**Mögliche Ursache**
Mehrere Weiselzellen mit Brut	Schwarmstimmung
Wenige oder eine Weiselzelle bebrütet	Weisellosigkeit, schwache Königin
Keine offene Brut	Schwarmstimmung, Weisellosigkeit
Lückiges Brutnest veränderte Brut (Farbe, eingetrocknet), weiße Kotspuren an Zellinnenwänden	Brutkrankheiten
Bienen mit verkrüppelten Bienen, sichtbare Varroamilben auf den Bienen, enthaarte Bienen	Varroa und Folgekrankheiten
Wespen, Hornissen im Volk oder unter dem Drahtgitterboden	Gefahr für schwache Völker, Ableger
Fehlende Futterkränze	Futtermangel
Auffallend viele Drohnen im Volk	Weisellosigkeit, schwache Königin
Abgerissene oder zusammengesunkene Waben	Massentracht, Überhitzung
Aggressives Verhalten der Bienen	Weisellosigkeit, Räuberei, Trachtmangel, Krankheit, falscher Standort
Drohnenbrut in Arbeiterinnenzellen, mehrere Eier an Seitenwänden der Zellen	Weisellosigkeit, Drohnenbrütigkeit

> **Gut zu wissen**
> Damit kein Winterfutter in den Honig gelangt, werden Waben, die noch Winterfutter enthalten, markiert. Auf die Oberseite der Waben kann man ganz viel schreiben!

Start im Frühjahr

Bei den ersten Kontrollen im Frühjahr entfernen Sie den Totenfall vom Boden und reinigen die Bodenunterlage (siehe Seite 39). Dadurch unterstützen Sie das Volk und es können sich keine Pilze und Tierchen im Abfall auf der Windel vermehren.

Falls nötig, kann auch flüssig gefüttert werden. Dazu sollte das Futter möglichst nah an die besetzten Waben herangeschoben werden. Um Futtermangel im Frühjahr auszuschließen, ist es im Allgemeinen besser, im Herbst etwas zu reichlich Futter zu geben.

Wenn ein Volk weisellos ist

- Völker, die ohne Königin sind (siehe auch Seite 63 „Die Königin im Volk finden") , werden Anfang April vor dem Nachbarvolk abgefegt und können sich über eine Rampe mit dem Nachbarvolk vereinigen.
- Um eine unerkannte Königin, etwa eine unbegattete, ungezeichnete Nachschaffungskönigin, vor dem Eindringen ins Volk abzuhalten, können Sie sicherheitshalber ein Absperrgitter vor den Fluglöchern anbringen.
- Die bienenleeren Waben werden in das vereinigte Volk gehängt. Dabei vereinigen Sie das Brutnest und schließen Pollen- und Honigwaben in dieser Reihenfolge seitlich an das Brutnest zu einer oder zu beiden Seiten an.

Dieses Verfahren eignet sich auch, wenn sich eine Königin partout nicht auffinden lässt. Natürlich werden die Bienen dann vor dem eigenen Kasten mit einem Absperrgitter auf eine Rampe gefegt.

Sind zwei kleinere Völker durch ein Schied getrennt in einem Kasten untergebracht, gehen Sie genauso vor und schließen für die Dauer der Vereinigung die Fluglöcher des Volkes, das aufgelöst wird. Das Schied wird erst gezogen, wenn alle Bienen abgefegt worden sind.

Wichtige Varroabekämpfung

Die Kontrolle der Varroamilbe, der Geißel der europäischen Bienenhaltung, beginnt bereits mit den ersten Völkerkontrollen im Frühjahr. Jetzt entscheidet sich, ob die Bienen einen guten Start in die Saison erhalten. Nur wenn man die erste Drohnenbrut nach dem Verdeckeln und vor dem Schlupf ausschneidet, kann man die Milbenvermehrung wesentlich beeinflussen.

Bienenversorgung im Sommerurlaub

Möchten Sie in der Schwarmzeit verreisen, kann es sinnvoll sein, vorher für ausreichend Platz zu sorgen. In der warmen Jahreszeit können Sie in der Oberträgerbeute sehr großzügig Raum geben, solange es sich nur um Oberträger mit Starterstreifen handelt. Diese werden von den Bienen von oben nach unten gezogen, ohne dass der gesamte Raum besetzt werden muss.

- Zuerst wird man, soweit möglich und noch nicht geschehen, direkt vor dem Urlaub **Kunstschwärme** oder **Fluglinge** (siehe ab Seite 44) bilden, auch ohne dass es Anzeichen einer Schwarmstimmung gibt.

Schlagen Sie einen Honigeimer mit einem Müllbeutel aus und schneiden Sie die bienenfreien Drohnenwaben direkt über dem Eimer möglichst in geraden Schnittlinien ab. Dann verschließen Sie den Eimer wieder mit dem Deckel.

Drohnenecken in der Wabe lassen sich oft nicht gut ausschneiden. Schneiden Sie diese Zellen trotzdem mit dem Messer ein, sodass die Drohnenbrut abstirbt. Dies unterbricht wenigstens der Vermehrungszyklus der Milben, die sich in diesen Zellen befinden.

Drohnenbrut schneiden

- Wurden bereits Kunstschwärme gebildet, sollte man kurz vor der Reise **Honig ernten**, um ausreichend Platz zu schaffen.
- Fällt die Abwesenheit auf einen späteren Zeitpunkt der Bienensaison, sollte man versuchen, diese mit einer **Ameisensäurelangzeitbehandlung** zu kombinieren (siehe ab Seite 58) oder einer längeren **Auffütterungsphase** (siehe ab Seite 69). Meist ist dies leicht möglich, wenn man die Arbeiten eine Woche nach vorne oder hinten verschiebt.

Völkerführung
Vorteilhaft kann es sein, bewusst den Honigertrag zum Beispiel durch die Bildung von Fluglingen reduzieren. Da die Bienen genetisch auf Schwarmträgheit und starke Völker selektiert werden, können Sie auf diese Weise besser mit einer Zuchtentwicklung umgehen, die nicht auf das Imkern in Oberträgerbeuten ausgelegt ist.

Durch die Völkertrennung verzichten Sie zwar auf Honig, fördern aber die Wabenerneuerung und Wachsgewinnung, unterbrechen den Varroa-Entwicklungszyklus und betreiben Schwarmlenkung. Dies alles steht als Gewinn dem Verzicht auf Honigleistung gegenüber, sofern Ihre Imkerei nicht auf Ertragsmaximierung ausgelegt ist.

Gut zu wissen
Um eine längere kontinuierliche Fütterungszeit ohne zwischenzeitliche Futtergaben zu erreichen, kann es sinnvoll sein, in diesem Fall Futterteig anstatt einer Flüssigfütterung zu wählen.

Völkerzukauf
Bevor Sie überhaupt Bienenvölker aufstellen, müssen Sie sich darüber informieren, ob der zukünftige Standort in einem Sperrgebiet liegt. Dann können Sie entweder, wenn es sich um ein Seuchensperrgebiet handelt, keine Völker und Materialien in den Bereich ein- oder ausführen, oder Sie dürfen, etwa in die Schutzbereiche um Belegstellen, nur bestimmte Zuchtköniginnen einsetzen.

Da sie von Rähmchen und Waben unabhängig sind, sollten nur **Schwärme** oder **Kunstschwärme** zugekauft werden. Dies ist auch in Bezug auf Krankheitsübertragung und Varroa-Status ein Vorteil.
- Zugekaufte Schwärme können über eine Rampe einlaufen oder man besprüht sie mit Wasser und staucht sie zusammen, indem man den Transportbehälter auf den Boden aufstößt.
- Danach werden die Bienen in die oben zur Hälfte aufgedeckten Beute geschlagen.
- An der äußersten Position wird ein Schied eingehängt.

Gut zu wissen
Mit dem Kauf von Bienenvölkern erhält man immer ein Gesundheitszeugnis und mit diesem meldet man sie bei der zuständigen Behörde.

- Die bereits aufgelegten Oberträger mit dem Schied als Abschluss werden dann in einem Block, wie ein Schiebedeckel, über die Bienen geschoben und die restlichen Oberträger werden aufgelegt.
- Bei einem Kunstschwarm wird über den leeren Raum gefüttert.
- Die Königin wird, soweit sie gekäfigt ist, mit Draht direkt unter einem Oberträger befestigt. Zuvor wird der Stopfen durch etwas Zuckerteig ersetzt.

Die Bienen können Sie auch beim Verkäufer abholen und in der Oberträgerbeute transportieren. Dabei schlagen Sie den mit Wasser besprühten Schwarm direkt in die Beute ein und geben eine am Boden fixierte Futterteigreserve mit (siehe auch Zeichnung Seite 53). Da die Oberträger noch nicht verkittet sind, muss darüber unbedingt eine Dämmplatte gelegt und mit einem oder besser zwei Spanngurten gesichert werden. Das Wichtigste ist, dass man am neuen Stand angekommen nicht vergisst sicherzustellen, dass die Fluglöcher auch geöffnet sind!

Völkervermehrung

Der Natur der Bienen entspricht es, jedes Jahr einen Schwarm abzugeben. Diesen Vermehrungstrieb wird man versuchen zu nutzen, um durch eine Brutpause Brutparasiten in ihrer Entwicklung einzuschränken und Reservevölker zu erstellen, denn es kann immer wieder zu Völkerverlusten kommen.

Ein Nullsummenspiel

Kleinstimker, die ihre Bienen in der Oberträgerbeute halten, werden versuchen, ihre Völker so zu führen, dass ihre Anzahl ungefähr gleichbleibt. Eine moderate Anpassung der Völkerzahl nach oben oder unten sollte dabei möglich und zusätzlich eine regelmäßige **Verjüngung der Stockmütter** zu erreichen sein.

Hierzu müssen Völkerverluste durch neu gebildete Völker ersetzt werden, ohne dass die Anzahl der Bienenvölker ständig zunimmt oder sie einfach ihrem Schicksal überlassen werden. Wenn Sie mehr als ein Volk haben, können Sie durch Vermehrung oder Gabe von jüngster Brut Verluste ausgleichen und überzählige Völker durch Vereinigen reduzieren.

Für die Bildung von Ablegern gibt es viele geeignete Verfahren. Welches Sie anwenden, ist von der technischen Ausstattung und den angestrebten Zielen abhängig.

Den übrigen Methoden (siehe Tabelle Seite 45) gemeinsam ist, dass das Volk in zwei Teile getrennt wird. Einer dieser Teile durchlebt eine Schwarmphase, seine Bienen sind ohne Brut und meist auch ohne Waben. Deshalb bilden sie eine Schwarmtraube und hängen, wie der Imker sagt, ihren „Schwarmdusel" aus. Dabei verlieren sie die Erinnerung an ihren alten Standplatz und bilden eine neue Einheit (Bien).

Vermehrungsverfahren

Im Weiteren werden vier Methoden beschrieben und Auswahlkriterien genannt, die es ermöglichen sollen, das passende Verfahren zu wählen. Ein Vorteil aller Verfahren ist, dass Sie damit einen Systemwechsel von

> **Gut zu wissen**
> Für das Imkern in der Oberträgerbeute sind die sonst viel verwendeten Brutableger oder Treiblinge wenig geeignet, weil sie in der Regel einen zweiten Standort brauchen. Dies ist aber in der Kleinstbienenhaltung eher ungewöhnlich.

Vergleich verschiedener Ablegerverfahren		
Verfahren	Nutzen und Ziele	Nachteile
Flugling (Vorwegnahme des Schwarms)	Auch bei hoher Schwarmneigung Als Zwischenableger ohne Völkervermehrung	Ohne Wiedervereinigung stark eingeschränkter Honigertrag Königin muss gefunden werden Wetterabhängig
Freiluftschwarm nach Taranov	Sanfte Schwarmverhinderung ohne erhebliche Honigeinbußen aus einem Volk	Königin muss gefunden werden. Wetterabhängig Platz für Rampe muss vor Volk vorhanden sein.
Freiluftschwarm nach Sklenar	Völkerbildung mit neuer Königin auch aus mehreren Völkern, um die Völker nur begrenzt zu schröpfen	Königin muss gefunden werden Wetterabhängig
Fegling	Bildung mit neuer Königin aus einem oder mehreren Völkern Königin muss nicht gesucht werden Drohnen können ausgesondert werden	Feglingskasten, Königinnenkammer oder Improvisation erforderlich (kühler) ruhiger Abstellplatz erforderlich
2x9-Methode nach Golz	Mit Königinnennachzucht kombinierbar Bei mehreren Völkern keine Ablegerbildung erforderlich (wenn nicht alle Völker in Schwarmstimmung sind)	Brut aus anderem Volk erforderlich Alle Könginnenzellen müssen gefunden werden

rähmchenlos auf ein anderes Beutensystem verbinden können und dass Schwärme und Kunstschwärme, wenn gewünscht, leicht zu transportieren sind.

Flugling
Der Flugling ist die Notbremse in der Imkerei und sorgt für Ruhe im Bau.
- Die Königin wird gesucht und mit nur einer Bannwabe, die Brut aber keine Weiselzellen besitzt (eventuell Weiselzellen zerstören) im Volk belassen.
- Die Beute wird mit den Honigwaben und Oberträgern mit Anfangsstreifen zusammengestellt.
- Die entnommenen Waben werden mit Bienen eine leere Beute oder einen bienendicht abgetrennten Beutenteil gehängt.
- Die Flugbienen fliegen ab und sammeln sich in der ursprünglichen

Tipp

Zum bienendichten Abtrennen benötigt man ein dichtes Schied oder muss einen Kantenschutz um ein Schied legen. Der Kantenschutz kann aus einem aufgeschnittenen Schlauch mit elastischer Einlage oder Ähnlichem bestehen. Alternativ kann man eine doppelseitige Führung aus Leisten in die Beute heften. Einfacher ist es, eine zweite Beute oder einen Ablegerkasten zu verwenden, da sich dieser leichter verstellen lässt und kein bienendichtes Schied benötigt wird.

> **Tipp**
>
> Um sicherzugehen, dass der Schwarmtrieb erloschen ist, wird das Volk, wenn möglich, nach zwei Tagen kontrolliert und alle noch intakten Weiselzellen bis auf eine zerstört.
> Bei schlechtem Flugwetter kann es passieren, dass die Flugbienen nicht abfliegen können, und der überstarke Brutling oder Brutableger seine Schwarmlust behalten hat. Auch ohne legende Königin kann es dann zu einem Schwarm mit einer der schlüpfenden Königinnen kommen. Ein solcher wird Nachschwarm genannt.

Beute und bilden dort eine Schwarmtraube um Bannwabe und Königin. Sie verlieren dabei ihre Schwarmlust und denken nur an Wiederaufbau.
- Die Bannwabe sollte entnommen werden, wenn die meiste Brut verdeckelt ist, so dient sie gleichzeitig als Fangwabe für Varroamilben.
- Zusätzlich kann das Volk vor dem achten Tag nach dem Eingriff mit Milchsäure gegen Varroa behandelt werden, da es bis auf die Bannwabe frei von verdeckelter Brut ist. Die Brutwaben mit den aufsitzenden Bienen verlieren in kurzer Zeit alle Flugbienen. Die jungen Bienen haben genug mit der Aufzucht der Brut zu tun und der Schwarmtrieb erlischt.
- Nach frühestens zehn Tagen können die beiden Völker wieder vereinigt werden. Ist dies von Anfang an geplant, handelt es sich um einen Zwischenableger.
- Damit das Vereinigen leicht funktioniert, wird der Ablegerkasten direkt neben dem ursprünglichen Volk (oder dem Volk, das durch den Zwischenableger verstärkt werden soll) auf eine einfache Unterlage, etwa eine umgedrehte Kiste oder Ähnliches gestellt.
- Wer sicher gehen möchte, dass der Flugling nicht vom Muttervolk ausgeraubt wird, verstellt den Ableger nach einem Tag oder ändert das Flugloch. Da die Bienen den gleichen Geruch haben, sind bei dieser „stillen Räuberei" keine Abwehrkämpfe am Flugloch des beraubten Volkes zu erkennen.

Fugling ohne Auffinden der Königin

Nach dem Abfegen der Bienen auf das Brett wird sich die Königin bei den jungen Bienen an der Rampe befinden. Eine legende Königin tut sich schwer, die 20 cm Flugstrecke zwischen Rampe und Flugloch zu überwinden, wenn sie nicht bereits zuvor herausgefangen und gekäfigt wurde. Trotzdem hängt man eine Wabe mit offener Brut als Bannwabe in den Ableger.

Der Volksteil ohne Königin wird beginnen, sich eine neue Königin nachzuziehen. Befindet sich die Königin im Ableger, fällt die Schwarmverhinderung deutlich stärker aus, denn es gibt eine Brutpause im Muttervolk, bis die neue Königin in Eiablage gegangen ist. Der Sammeltrieb beider Volksteile kommt im Anfang zum Erliegen. Der Schwarmtrieb erlischt, gleichgültig in welchem Teil sich die Königin befindet. Weiß

Diese Methode ist zwar nicht verbreitet, passt aber gut zur Oberträgerbeute, denn Sie können bei ihrer Aufstellung oder Aufhängung in Arbeitshöhe leicht eine entsprechende Rampe vor der Beute aufbauen und brauchen keine aufwendigen Arbeitsmittel.

> **Tipp**

man das nicht, kontrolliert man die Waben nach 2 bis 3 Tagen und bricht überzählige Schwarmzellen aus, um zu verhindern, dass die Bienen einen Nachschwarm bilden.

Freiluftschwarm nach Taranov
Hierbei werden dem Volk nur die Flugbienen und im Regelfall die Königin genommen. Dementsprechend wird die Schwarmlust schwächer gedämpft und die Sammelbereitschaft weniger gemindert.
- Bauen Sie eine Rampe mit einem waagerechten Abstand von 20 cm zwischen der oberen Kante der Rampe zur Unterkante der Beute auf.
- Platzieren Sie die Königin in einem Käfig an der Oberkante der Rampe und alle oder einen Teil der Bienen des Volkes auf der Rampe.
- Hängen Sie die bienenleeren Waben zurück ins Volk. Die Flugbienen fliegen wieder ins Volk. Die jungen Bienen sammeln sich um die Königin an der Oberkante und bilden eine Schwarmtraube.
- Nachdem sich der Schwarm zusammengezogen hat, schlagen Sie ihn wie einen Naturschwarm ein. Er muss allerdings von Anfang an gefüttert werden.
- Da die Flugbienen gewollt abfliegen und nur Bienen aus einem Volk um ihre eigene Königin gesammelt werden, können Sie den Schwarm direkt an einem neuen Standort verbringen.
- War das Volk schon in Schwarmstimmung, ist ein Wiegen nicht erforderlich, denn die Bienen haben für sich bestimmt, dass sie sich aufteilen möchten.

Nachhilfe – wenn die Bienen nicht einziehen wollen
Beim Vereinigen von Bienenvölkern durch Abstoßen eines Volkes vor einem anderen kann es passieren, dass die Bienen die schräge Unterlage zum Bienenkasten nicht hinauflaufen. Sie halten stattdessen respektvollen Abstand zum Flugloch des anderen Volkes und ziehen sich an der Außenseite oder unter der Rampe zu einer Bienentraube zusammen. Wurde die Königin erst unmittelbar vor dem Abstoßen entnommen, könnte das Königinnenpheromon noch zu stark wirken.

Am besten lassen Sie die Bienen gewähren, damit sie sich ihrer Situation als weisel- und obdachloses Häufchen bewusst werden können. Sollten sie am Folgetag noch immer draußen hängen, helfen Sie nach. Schlagen Sie das Volk vom Brett in einen Honigeimer oder leeren Ablegerkasten und von dort aus wieder auf die Rampe.

Da die Bienen auf der Rampe wie ein Pudding auseinanderfließen, ist es sinnvoll, die Rampe zuvor an der unteren Kante zum Beispiel mit

> **Gut zu wissen**
> Sollen von einem Volk mehr als ein Ableger gebildet werden und die Völker stehen im Winkel zueinander, kann es sein, dass kein Platz für zwei entsprechende Rampen vor den Bienenkästen ist. Dann muss, mindestens für einen der Ableger, ein anderes Verfahren gewählt werden.

einem untergestellten, umgestülpten Blumentopf etwas zu erhöhen. Dann steht das Brett so steil, dass die Bienen nicht ins nasse Gras gleiten.

Freiluftschwarm nach Sklenar
Bei diesem Verfahren wird die Königin gesucht und gekäfigt. Es kann auch eine andere legende Königin verwendet werden.
- Installieren Sie, am besten bereits vorher, eine Aufhängevorrichtung zum Beispiel an einer Kinderschaukel einem Baum oder mit einem Dreibein eines Schwenkgrills.
- Platzieren Sie den Käfig mit der Königin als höchsten Punkt auf einer Unterlage unterhalb der Aufhängevorrichtung. Bietet der Käfig nicht genug Ansatz, kann er mit einem Oberträger oder Ähnlichem verbunden werden.
- Kehren Sie nun Bienen aus einem oder beliebigen Völkern auf Käfig und Unterlage.
- Hängen Sie die Unterlage mit dem Käfig an ein Seil und ziehen Sie ihn ganz allmählich hoch.
- Schlagen Sie den Schwarm bereits nach einer Nacht ein und füttern Sie ihn.

Der Freiluftschwarm nach Sklenar lässt sich auch in einem 40-kg-Honigeimer bilden. Der Käfig mit der Königin wird dann an einer Leiste, die quer über dem Eimer aufgelegt wird, mittes einer Schnur oder eines Drahtes befestigt, der bis zum Boden hinabreicht. Nachdem die Bienen in den Eimer gefegt wurden, fliegen die älteren von ihnen wieder heraus. Die jungen Bienen sammeln sich um den Königinnenkäfig. Nun wird die Schnur oder der Draht langsam aufgewickelt, sodass der Käfig frei im Eimer hängt. Dort können sich die Bienen frei als Schwarmtraube sammeln. Bei diesem Vorgehen muss der gesamte Eimer vor und nach der Scharmbildung gewogen werden, um die Mindestmasse an Bienen zu garantieren.

Fegling
Dazu benötigen Sie einen Feglingskasten (siehe Seite 49). Der Fegling lässt sich aber auch mit einer geeigneten Improvisation etwa einem 40-kg-Honigeimer, der zum Teil mit einem Brettchen abgedeckt wird, bilden.
- Kehren Sie Bienen beliebiger Herkunft in den Eimer. Die Flugbienen fliegen zu ihrem Volk zurück. Die jungen Bienen flüchten ihrem Instinkt nach nach oben in die dunkle Ecke unter das Brett.
- Sollen die Bienen im Eimer bleiben, müssen ausreichend Lüftungslöcher in den Eimer gebohrt werden.

Tipp

Wollen Sie den Kunstschwarm aus mehr als einem Volk, mit oder ohne Schwarmstimmung, bilden, sollten Sie in die Aufhängung eine Federwaage einfügen. Besonders leicht geht das, wenn Sie das Aufhängeseil mit einer Kette verbinden. So kann eine Waage ein- und ausgehängt und entlastet werden.

Sehr leicht lässt sich ein Oberträgerfeglingskasten bauen, in den man über die gesamte Breite bodennah zwei Reihen Fluglöcher bohrt. Vor die Löcher wird ein Absperrgitter gesetzt. Ein Ableger in einem solchen Kasten, auf eine ebene Oberfläche gesetzt, braucht keine Rampe. Durch die überhängende Form der Oberträgerbeute ziehen die Bienen gerne ein, wenn sie vor die Fluglöcher gefegt werden. Etwas Wasser und Rauch beschleunigen dies.

> **Selbst gebaut**

- Dann feuchten Sie die Bienen, sobald genügend gesammelt sind – im Frühjahr 1,5 kg, später 2 kg – mit Wasser an, stoßen den Eimer ein- bis zweimal auf den Boden auf und schütten sie in einen geeigneten gut belüfteten Schwarmkasten oder Ablegerkasten.
- Verschließen Sie den Kasten und geben eine Königin unter Zuckerteigverschluss zu.
- Dann kommt der Kasten an einem ruhigen, dunklen Ort für drei bis sieben Tage in „Kellerhaft".
- Der Kunstschwarm wird direkt gefüttert. Im Dunklen bildet die Notgemeinschaft eine Schwarmtraube und ein neues Volk.

Beim Verfahren mit einem Feglingskasten muss die Königin nicht gesucht und Drohnen können aussortiert werden, was aber erst eine Rolle spielt, wenn Sie züchten möchten.

Der Feglingskasten bietet eine Rampe oder Schütte, durch die sich die jungen Bienen in einen dunklen Raum nach oben flüchten können. Vorteile des Feglings sind, dass nach dem Zusammenfegen keine Wetterabhängigkeit mehr besteht.

Die Möglichkeit zur Fütterung sollte im Kasten vorgesehen oder bereits vor dem Einfegen der Bienen eine Futtereinrichtung oder ein Schied eingesetzt werden. Man muss die Bienen dann nur noch mit dem Schied zur Seite schieben, um sie füttern zu können.

> **Gut zu wissen**
> Zum einfachen Handhaben und Verschließen werden die Oberträger fixiert, indem man zwei Querleisten auf die Oberträger legt und mit Heftklammern festtackert.

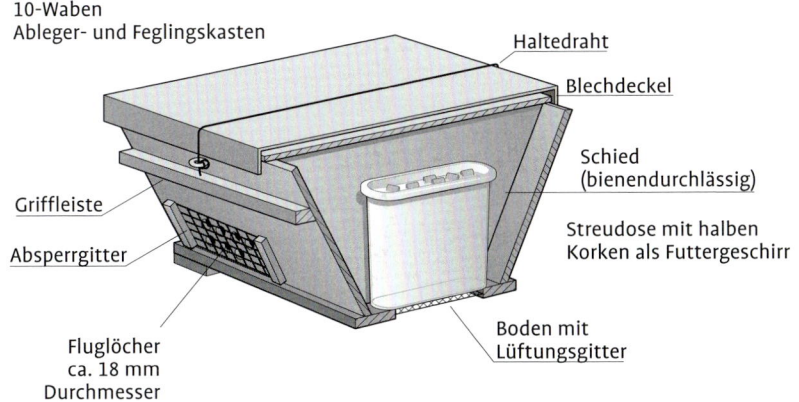

10-Waben Ableger- und Feglingskasten
Haltedraht
Blechdeckel
Schied (bienendurchlässig)
Streudose mit halben Korken als Futtergeschirr
Griffleiste
Absperrgitter
Fluglöcher ca. 18 mm Durchmesser
Boden mit Lüftungsgitter

Eine Anpassung an das Imkern mit Schwarmlenkung in der Oberträgerbeute ist der Ablegerkasten. Im Prinzip ist er nichts anderes als eine eingekürzte Oberträgerbeute. Bewährt haben sich Ablegerkästen für 10 Waben, die sich noch tragen und genug Platz für eine Futtereinrichtung lassen.

2x9-Methode nach Golz

Bei dieser Methode wird nicht grundsätzlich ein Ableger gebildet. Trotzdem muss die Königin gesucht und aus dem schwarmlustigen Volk entfernt werden.

Besitzt man nur ein Volk oder alle vorhandenen Völker könnten gleichzeitig in Schwarmstimmung sein, ist es ratsam einen (Zwischen-)Ableger mit einer Königin zu bilden. Allerdings kann dieser Ableger schwach sein. Es reicht auch aus, einen Ableger für mehrere Völker zu bilden.

- Alle Schwarmzellen werden ausgebrochen, sodass das Volk in der nächsten Woche nicht schwärmen kann. Um sicherzugehen, müssen hierzu alle Brutwaben von den Bienen befreit werden.
- Die Bienen werden auf eine Rampe vor dem Flugloch abgefegt werden.
- Nach 7 bis 9 Tagen wird das Volk wieder durchgeschaut und wieder werden alle Weiselzellen entfernt. Eigentlich dürften sich jetzt keine eigenen Eier oder junge Maden mehr im Volk befinden.
- Die Bienen erhalten zu Beschäftigung und zur Beruhigung für die nächsten Tage ein Stück Wabe mit offener Brut aus einem anderen Volk.
- Nach weiteren 7 bis 9 Tagen wird die Brut entfernt und durch Zuchtstoff – ein Wabenstück mit jüngsten Larven – aus einem möglichst gutem Volk oder durch eine Königin im Zusetzkäfig unter Zuckerteigverschluss ersetzt.

Man kann auch die alte Königin aus dem Zwischenableger verwenden und den Ableger auflösen. Hierzu werden die Brutwaben dem Volk zugehängt und die Bienen vor dem Flugloch des weiter bestehenden Volkes auf eine Rampe abgekehrt.

Falls die Bienen ihre neue Königin selbst aufziehen sollen, werden eine Woche nach Gabe des Zuchtstoffs alle Weiselzellen bis auf eine ausgebrochen. Sie können natürlich auch versuchen, mit dem Zuchtstoff weitere offene Brut einzuhängen oder gleich mehrere ganze Waben mit Brut als Zuchtstoff zu geben. Auch diesen Fällen müssen selbstverständlich rechtzeitig alle ungewollten Weiselzellen zerstört werden.

Natürliche Vermehrung bei Honigbienen

Eigentlich ist der Superorganismus Bien wie Bakterien oder eine menschliche Gesellschaft unsterblich. Bei der Vermehrung teilt das Bienenvolk sich und die einzelnen Individuen des Superorganismus auf: Arbeiterinnen, Drohnen und Königinnen werden durch neue Generationen ersetzt. Dabei kommt es auch zu einer genetischen Verjüngung, sodass es trotz Bestand des Superorganismus zu einer Weiterentwicklung des Erbmaterials kommt.

Nachschaffung

Werden Königinnen altersschwach oder gehen verloren, ziehen die Bienen in wenigen Zellen junge Königinnen nach. Diesen Prozess nennt man Nachschaffung. Er ist auch Grundlage vieler moderner Züchtungsmethoden. Die jungen Königinnen paaren sich außerhalb des Stockes im freien Flug mit

---

Gut zu wissen

Gerade in der Oberträgerbeute können, durch den Verzicht von Mittelwänden und das dadurch bedingte Ausschneiden von Drohnenwaben auf verschiedenen Waben, Weiselzellen in die Wabe eingebaut sein, sodass sie unter den aufsitzenden Bienen kaum erkannt werden können.

Gut zu wissen

Im Allgemeinen verzichtet man auf eine Wiederverwendung der alten Königin, da dies im nächsten Jahr sicher wieder zum Schwärmen führen würde. Aus heutiger Sicht kommt hinzu, dass bei dieser Methode die Königinnen leicht durch Varroa geschädigt werden könnten, weil es sich um die einzige offene Brut im Volk handelt, die die Milben anzieht.

etwa 12 bis 15 Drohnen – einer wahren Ménage-à-treize oder Dreizehnecksbeziehung. Die Fortsetzung des Lebens bei Bienen ist also abhängig vom Vorhandensein einer lebenden, begattungsfähigen Königin oder jüngster weiblicher Brut. Sind weder das eine noch das andere vorhanden, ist auch das Ende des Bienenvolkes besiegelt. Die Bienen können dann nur noch versuchen, ihren Anteil an der Folgegeneration über die zeitlich beschränkte Aufzucht von Drohnen zu sichern. Diese Phasen sind die Drohnen- oder **Buckelbrütigkeit**.

Das Königinnenpheromon
Das Königinnenpheromon ist, wie Botenstoffe in der Natur generell, einer der vielen arteigenen chemischen Duft- und Botenstoffe, die subtile Steuerungseigenschaften besitzen, ein Bienenvolk zusammenhalten. Die bekannteste Eigenschaft des Königinnenpheromons ist, dass es die geschlechtliche Entwicklung der Arbeiterinnen unterdrückt.

Der Bien hat einen sogenannten sozialen Magen. Alle Bienen tauschen ununterbrochen Futter aus. Dieser Austausch ist Teil der Honigreifung und der Arbeitsteilung, vor allem aber sorgt er für eine ständige Übertragung der Botenstoffe und somit für Struktur und Organisation des gesamten Staats.

Und andere Duftwelten
Wenn man an Flugtagen vor den Bienenvölkern steht, kann man das blumige Geraniol riechen, das wie der Name es sagt, nach Geranien riecht und die Heimkehrenden anlocken soll. Da es von den Bienen auch genutzt wird, um sich wieder zu sammeln, hat es die Funktion eines sogenannten Aggregationspheromons. Ein solches haben zum Beispiel auch Schaben. Wie viele staatenbildende Insekten verfügen Bienen über eine Art soziales Gedächtnis.

Bienen können zwischen menschlichen Gesichtern, möglicherweise auch Gerüchen unterscheiden. Wer Bienen in seinem Garten hat, profitiert vielleicht davon, ohne es zu ahnen. Bienen scheinen auf sehr weise Art Personen, mit denen sie schlechte Erfahrungen hatten, von unbeteiligten Passanten unterscheiden zu können.

Als Imker kann man dies unterstützen, indem man immer in der gleichen, unverwechselbaren Kleidung an die Bienen geht, etwa dem Imkeranzug. Da dann die Kombattanten klar sind, gibt es erstaunlich wenig Kollateralschäden.

Auch von einem herausgerissenen Stachel geht ein Aggressionspheromon aus. So lohnt es sich durchaus, nach ein paar Stichen zu überlegen, ob es sinnvoll ist, zu dem Zeitpunkt weiterzuarbeiten. Jeder Stich löst weiteres aggressives Verhalten der Bienen aus und dient ihnen, ganz wie bei modernen Waffensystemen, als aktive Zielmarkierung.

Das Schwärmen
Schwarmstimmung bei einem Volk entsteht durch verschiedene Verschiebungen innerhalb der Organisation des Superorganismus Bien. Eine Übersicht darüber gibt die folgende Tabelle sowie über Maßnahmen, die der Imker ergreifen kann, um gegenzusteuern.

> **Gut zu wissen**
> Bienen haben auch ein Alarmpheromon. Ärgere ich eine Biene, wird sie sich das merken und bei meinem nächsten Besuch Alarm schlagen, solange sie lebt. Kann sie Stockgenossinnen davon überzeugen, dass sie mit einer – für uns! – unangemessenen Reaktion recht hat, werden sich mehr Bienen dies merken, solange sie leben ... Man sollte also schön artig sein und sich nie von Bienen provozieren lassen.

Schwarmauslösende Faktoren und Maßnahmen zur Schwarmverhinderung		
Auslöser	Wirkung	Gegenmaßnahme
Volk ist zu groß	Königinnenpheromon wirkt stark verdünnt.	Rechtzeitige Bildung von (Zwischen-)Ablegern
Barriere im Nest	Fehlender Austausch zu dem Bereich, der abgetrennt ist, da sich die Königin selten außerhalb eines Brutbereiches bewegt.	Brutnest (mit offener Brut) nicht beim Einhängen von Waben, Schieden oder nicht ausgebauten Oberträgern zerteilen.
Schwache oder kranke Königin	Es wird zu wenig Königinnenpheromon gebildet.	Rechtzeitiger Austausch von älteren oder schwachen Königinnen. Regelmäßige Beobachtung der Legeleistung einer Königin.
Fehlende Tracht	Mangelnder Futteraustausch und damit Verteilung des Königinnenpheromons, da das Aufarbeiten und Eindicken eine Gruppenarbeit ist.	Standortauswahl, Beschränkung auf angepasste Völkeranzahl, ggf. Notfütterung (Wandern bietet sich mit Oberträgerbeute in der Regel nicht an.)
Fehlender Platz	Baubienen verbrauchen kein Futter und die Pheromonweitergabe kommt ins Stocken, da es keine interne Nachfrage gibt.	Platz schaffen durch:
		Rechtzeitige Raumgabe – immer mindestens 2 Oberträger gleichzeitig in Fluglochnähe ohne das Brutnest zu zerteilen.
		Rechtzeitige Bauerneuerung durch Entnahme alter Waben
		Entnahme von Pollenwaben im Frühjahr (nicht mehr als 2 Pollenwaben im Volk belassen – junge Pollenwaben bis zum Herbst einfrieren; dunkle Pollenwaben einschmelzen)
		Drohnenbrut regelmäßig und früh im Jahr ausschneiden.
Fehlende Brut	Kranke Brut stirbt ab. Keine interne Nachfrage und Weitergabe von Futter mit Pheromon durch Ammenbienen.	Auf Gesunderhaltung achten.

Ein echter Verlust

Schwärme, die unbemerkt ausziehen oder nicht eingefangen werden können, sind heute bei uns dem Tode geweiht. Die Bienen haben noch keine Anpassung an die Varroamilben erlangt, die sie auf Dauer überleben lässt. Solche Anpassungen erfordern weit längere Zeiträume in der Natur.

Die Varroamilbe trifft bei uns auf eine Biene, die im Gegensatz zur afrikanischen und südamerikanischen stark auf Überwinterung ausgelegt ist. Die europäische Biene ist sehr sesshaft, legt große Honigvorräte an – was den Imker erfreut – und kennt keine Brutunterbrechungen durch frühzeitiges und häufiges Schwärmen als Flucht- oder Wanderbewegungen.

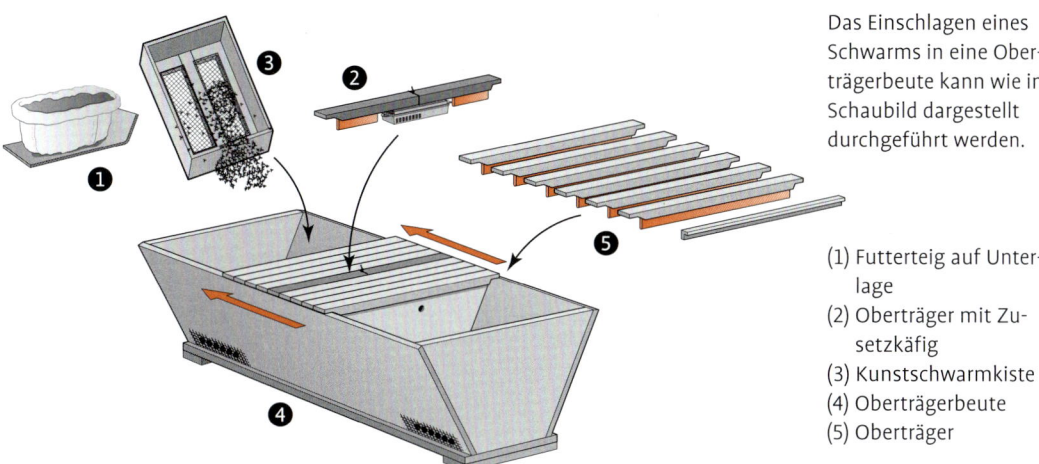

Das Einschlagen eines Schwarms in eine Oberträgerbeute kann wie im Schaubild dargestellt durchgeführt werden.

(1) Futterteig auf Unterlage
(2) Oberträger mit Zusetzkäfig
(3) Kunstschwarmkiste
(4) Oberträgerbeute
(5) Oberträger

Die Züchtung der europäischen Biene konzentriert sich bisher noch nicht auf diesen Zusammenhang, sondern weiter auf maximalen Honigertrag. Die Folge ist, dass entwichene Schwärme nicht nur keine Chance auf Auswilderung haben, sie stellen auch ein Seuchenrisiko für andere Bienen dar. Auch für die Artenerhaltung in unserer Umwelt ist wenig getan, da es sich bei der allgemein verbreiteten Carnica nicht um die bei uns ursprüngliche beheimatete Mellifera handelt, sondern um die schon lange vom Menschen gehaltene Krainer Biene.

Schwarm einschlagen

Ein Schwarm ist ein aufregendes Ereignis – nicht nur für Imker. Idealerweise benutzen Sie dazu eine Ableger- oder Schwarmfangkiste. Zur Vorbereitung kann jede bereits einmal besetzte Oberträgerbeute oder jeder Ablegerkasten mit dem Stockmeißel saubergekratzt und anschließend mit einer offenen Flamme (Gasbrenner) abgeflammt werden, bis sich die Holzfarbe leicht verändert. Beim Einschlagen in eine Oberträgerbeute kommt die sich nach oben weiter öffnende Form dem sehr entgegen.

Günstig für den Schwarmfang ist eine ausreichend belüftete Kiste, entweder mit vielen einzelnen Bohrungen oder einer großen Öffnung im unteren Bereich, vor die man ein Absperrgitter setzten kann. Durch die Öffnung können die Bienen schnell nach oben ins Dunkle einziehen. Durch das Absperrgitter kann die Königin nicht entkommen und der Schwarm wird nicht ausziehen, auch wenn ihm die Kisten nicht zusagt.

- Halten Sie den Kasten unter den Schwarm.
- Besprühen Sie den Schwarm mit Wasser.
- Lösen Sie ihn mit einem Ruck am Ast oder Gegenstand, an dem er sich festgehängt hat, sodass er in die Kiste fällt.
- Lässt sich der Gegenstand nicht bewegen, schlagen Sie man mit einer Faust darauf, nicht aber auf die Bienen.
- Der Schwarm wird bis zum Abend unter der Stelle, wo der Schwarm hing, auf den Boden gestellt.

Schwarm am Stiel
Hängt der Schwarm an einem hohen Ast, in einer Hecke oder sehr hoch in einem Baum, kann es nötig sein, den Ast abzuschneiden. Anschließend wird er über den Kasten gehalten und der Schwarm darin eingeschlagen.

> **Gut zu wissen**
> Solange Sie einen ausziehenden Schwarm verfolgen, dürfen Sie übrigens fremde Grundstücke betreten. Trotzdem sollte es selbstverständlich sein, den Hausherrn zu fragen, wenn er anwesend ist.

- Danach verbringen Sie ihn wird er an seinen zukünftigen Ort. Eventuell sollte der Kasten mit dem Schwarm etwas abgeschattet werden.
- Soll der Schwarm nicht dauerhaft im Ablegerkasten bleiben, kann er am nächsten Morgen in eine Oberträgerbeute eingeschlagen werden und zwar wie beim zugekauften Kunstschwarm beschrieben.
- Anschließend fegen Sie die restlichen Bienen auf eine Rampe vor dem Kasten, sodass die Bienen einlaufen können.
- Oder Sie stellen die Ableger- oder Schwarmfangkiste mit offenem Deckel so nah an die Unterkante der Oberträgerbeute, dass die Bienen direkt aus der alten Kiste in die Oberträgerbeute wandern können.

Schwarmlenkung

Auf gut Deutsch: Es geht nicht darum, das Schwärmen als natürliches, aufregendes Ereignis zu verhindern, sondern darum, den Vermehrungstrieb der Bienen zu lenken. Der Schwarmtrieb gehört zu gesunden und vitalen Völkern einfach dazu.

Da man Schwärme, die einmal weg sind, in der Regel nicht wieder bekommt, nachdem Sie einmal eine neue Wohnung bezogen haben, müssen Sie vorher ansetzen. In der Regel heißt das, die Schwarmneigung hinauszuzögern oder das Ereignis kontrolliert vorwegzunehmen.

Die Schwarmneigung hinauszuzögern hat nur Sinn, solange sich das Volk dabei weiter entwickeln kann, sonst arbeiten Sie nicht mit, sondern gegen die Natur der Biene. Obwohl der tatsächliche Zusammenhang komplexer ist, kann man die geeigneten Maßnahmen an einem Faktor festmachen und nach ihrer Priorität gestuft darstellen, wie sie auch in der Oberträgerbeute möglich sind. (Siehe dazu auch die Tabelle Schwarmauslösende Faktoren und Maßnahmen zur Schwarmverhinderung auf Seite 52.)

Leitfaktor ist das Königinnenpheromon. Jeder Einfluss, der bewirkt, dass im Bienenvolk weniger Königinnenduftstoff verteilt wird, fördert die Schwarmstimmung in der Bienensaison. Ihr entgegen wirken alle Maßnahmen, die für mehr Königinnenpheromon im Volk sorgen.

Populationsmanagement

Da heutzutage meist von einer sogenannten Erstarkungsbetriebsweise, **dem Halten starker Völker durch ständige Raumgabe und Schwarmverhinderung bis zur Honigernte,** ausgegangen wird, versteht man unter Schwarmkontrolle in Wirklichkeit heute oft den viel komplexeren Zusammenhang der Völkerlenkung. Man geht nach dem Gesetz der Masse davon aus, dass große Völker, relativ gesehen, weniger Energie in Form von Honig für ihre eigene Erhaltung benötigen, weil unter anderem Temperaturkontrolle, Drohnen- und Königinnenpflege je Volk und einzelne Biene nur einmal anfallen.

Diese Betriebsweise folgt in der Völkerführung dem Grundsatz: „Nimm von den Schwachen und gibt es den Starken". Ziel ist es, möglichst wenige, starke Völker über das ganze Jahr zu halten. Das Schwärmen, als natürliche Vermehrung verbunden mit einer Brut- und Sammelpause, ist unerwünscht. Dass dieser Ansatz nur einer von mehreren ist, zeigt der Vergleich mit der alten Heideimkerei.

Wenn man mit sehr wenigen, unterschiedlich starken Völkern in der Oberträgerbeute arbeitet, kann man sich das Verfahren bei der Heideimkerei durchaus zunutze machen. Es geht auch nicht um Höchsterträge in einzelnen Spitzenvölkern, sondern um ein einfaches Völkermanagement. Das schwache Volk wird gefördert und das starke Volk stabilisiert, denn es gewinnt wieder leeren Raum für seine Volksentwicklung.

> **Abgeschaut**

Beispiel Heideimkerei
Dort sollten möglichst alle Völker frühzeitig und gleichmäßig zum Schwärmen getrieben werden. Weil nur die Heidetracht als Spättracht ertragsrelevant ist, können die Völker sich bis zu diesem Zeitpunkt unterschiedlich entwickeln und danach teilweise aufgelöst und im Frühjahr neu aufgebaut werden.

Da die Waben nicht frei beweglich sind, lassen sich weder Bienen noch Waben einfach zwischen Völkern austauschen. Manchmal muss der Berg eben zum Propheten kommen. Nicht die Bienen ziehen um, sondern die Körbe – die zudem alle gleich aussehen – werden verstellt. Tauscht man den Standplatz eines Volkes mit dem eines schwachen Volkes, erhält das schwache Volk den Großteil der Flugbienen des stärkeren Volkes. Es findet ein Ausgleich statt.

Die Oberträgerbeute steht mit ihrem doch begrenzten, festen Raumvolumen, das durch Schiede in diesem Volumen eingeengt werden kann, zwischen dem Lüneburger Stülper, der die Bienen wegen Platzmangel ohne Erhöhung schnell wieder zum Schwärmen treibt und dem Magazin, welches theoretisch beliebig erweitert werden kann. Seuchentechnisch halte ich dieses Verfahren für unbedenklich, da man die Völker eines Standortes immer als Einheit betrachten sollte. Eine Denkweise, die zum Beispiel auch in der Begrenzung von Tiereinheiten je Standort in der Öko-Geflügelhaltung formal ihren Niederschlag findet.

Krankheiten beherrschen

Krankheiten lassen sich am besten abwehren, wenn man sie frühzeitig erkennt. Voraussetzung ist, dass man die regelmäßigen Kontrollen im Frühjahr auch zur Feststellung eventueller Krankheitsanzeichen nutzt. Die Oberträgerbeute ist hierbei durch ihren Mobilbau, besonders für die Erkennung von Brutkrankheiten, klar im Vorteil.

Hierdurch können auch alle Krankheitsvorbeugemaßnahmen und -bekämpfungen so betrieben werden, wie es allgemein üblich ist. Da das Thema komplex ist, sollte sich niemand scheuen, auf spezielle Literatur und gegebenenfalls fachliche Hilfe zurückzugreifen. Imker, die ständig nur ein oder zwei Völker halten, beim Imkern mit der Oberträgerbeute eher der Normalfall, werden zum Glück meist keine Erfahrungen mit seltenen Krankheiten machen und sie deshalb auch nicht immer auf Anhieb erkennen.

Hauptfeind Varroamilbe

Selbst wenn es nicht immer so gesehen wird, für mich ist die Varroa zum Teil auch eine Faktorenseuche. Durch regelmäßiges Schwärmen, verbunden mit Brutunterbrechungen in der Bienensaison werden die Milben stark in ihrer Massenvermehrung gebremst. Eine relativ geringvolumige Beute wie die Oberträgerbeute zwingt einen fast dazu, die Völker frühzeitig zu teilen. Daher passt das geringe Beutenvolumen mit nur rund 27 Waben besonders gut zu einer gesunden Hobbybienenhaltung.

Für die Varroamilbe als Hauptgesundheitsrisiko muss angenommen werden, dass sie sich immer im Volk befindet. Es reicht also nicht aus, hierbei auf sichtbare Krankheitszeichen zu warten, sondern es ist notwendig, von Zeit zu Zeit eine Befallserhebung zu machen. Solche Zählungen vor und nach Bekämpfungen der Milben ergeben einen Trend, der auch als Verfallsverlauf oder Kalamität bezeichnet wird. Das Verfahren wird als Monitoring bezeichnet. Die Hilfsmittel die eine Befallsabschätzung erlauben, heißen Monitor (von lat. *monere* ‚ermahnen, warnen'), also auch im Sinne von „Wächter" oder „Beobachter".

Milbenbefall mit der Windel abschätzen

Der wichtigste Monitor des Imkers ist die sogenannte Varroawindel. Das ist eine Bodeneinlage, die durch ein Gitter abgedeckt ist, damit Bienen sie nicht erreichen können. Grundsätzlich bleibt die Windel das ganze Jahr unter der Beute. Je nach Ausfertigung werden eine oder mehrere Windeln in einer Führung unter die Beute geschoben oder, wie bei mir, mit Drähten unter die Beute gehängt.

Zwischen Windel und Unterkante der Beute bleiben ein paar Millimeter Abstand, um den Luftaustausch über die große Fläche zu ermöglichen. Die Windel soll etwas vor Strahlungskälte und Wind schützen.

Nur zum Zählen der Milben oder zum Reinigen nehme ich die Windel schon mal für ein paar Tage ab. Falls das Bodenbrett in gleichmäßige, aufgemalte Vierecke aufgeteilt ist, kann man sich das Zählen jedes zweiten Feldes im Zick-Zack sparen und die gezählte Anzahl der Milben verdoppeln, um den Befall schneller abzuschätzen. Bei Behandlungen mit Ameisensäure (siehe dazu Seite 58) wird die Bodenbelüftung durch Einlagen oder direktes Anlegen der Windel an die Beutenunterseite verschlossen.

Kein Zutritt für Ameisen

Damit nicht nur keine Bienen, sondern auch keine Ameisen an die Windel kommen und die Milben als Beute wegtragen, lässt sich die Oberträgerbeute sich mit etwas Raupenleim, nah der Stirnseite um die Tragdrähte geschmiert, schützen. Wollfett zeigt eine ähnliche Wirkung, härtet im Freien jedoch schnell aus, sodass die Wirkung bald verloren geht. Nebenbei gesagt, dass sich im Raupenleim Bienen an dieser Stelle fangen, habe ich noch nie beobachtet.

Gut zu wissen

In der Regel wird der Gitterboden als Unterbelüftung direkt in die Beute eingebaut. Solche offenen Böden haben sich bewährt, da sie immer ausreichend Frischluft in die Beute lassen, ohne die Temperaturregulierung durch die Bienen zu stören. Die aufsteigende, warme Luft bleibt in der Beute.

Milben zählen

Zum Reinigen wird die Windel mit der abgewinkelten Klinge des Stockmeißels sauber gekratzt und wie in meinem Fall, mit Vaseline eingerieben. Dadurch werden beim Abnehmen der Windel die Milben nicht weggeweht oder abgeschüttelt.

Zur Varroadiagnose wird die Windel gereinigt und für 2 bis 7 Tage unter dem Volk belassen. In dieser Zeit fallen unter anderem tote Milben aus dem Volk. Je kürzer die Dauer und je niedriger der Befall im Volk, desto weniger gibt es zu zählen.

Varroadiagnose und Maßnahmen		
Stichtag	Grenzwert natürlicher Totenfall der Milben (Windelkontrolle)*	Entscheidung
1. Juli	< 5 Milben am Tag	Keine Sommerbehandlung
	5-10 Milben am Tag	Sommerbehandlung nach Abräumen und Herbstbehandlung
	> als 25 Milben am Tag	Vorgezogenes Abräumen und anschließende Varroabehandlung
1. November	> als 1 Milbe am Tag	Winterbehandlung erforderlich
Die gleichen Werte gelten entsprechend für Puderzuckerkontrolle.		

Vorgehensweise bei der Puderzuckerkontrolle

Die Puderzuckermethode zur Gewinnung lebender Milben ist mir schon aus meiner Studienzeit in Bonn bekannt und daher von der Idee nicht neu. Allerdings gab es seit Jahren bei einigen Oberträgerbeutenimkern die Hoffnung, eine regelmäßige Puderzuckerbestäubung der Bienen könne die Milbenzahl entscheidend reduzieren. Diese konnte sich aber nicht erfüllen, denn in der Brutsaison befindet sich der größte Teil der Milben nicht auf den Bienen, sondern in der Brut.

Auch bei der Puderzuckerdiagnose erleichtert der Mobilbau bei der Oberträgerbeute die Gewinnung der Bienen von besetzten Waben. Zügiges Vorgehen ist dabei trotzdem angesagt, denn jede Art von Feuchtigkeit lässt den Puderzucker klumpig werden. So sollte möglichst wenig frisch eingetragener Nektar mit den Bienen herausgetragen werden und die Bienen dürfen auch nicht, wie gewöhnlich wenn sie zusammengestaucht werden, angefeuchtet werden. Dadurch fliegen sie aber nach dem Einfüllen in den Urinbecher schnell wieder auf.

- Stoßen oder schütteln Sie Bienen von Randwaben auf eine steife Plastikfolie, etwa Abdeckfolie aus dem Imkereihandel.
- Überführen Sie so viele Bienen, wie in einen 100 ml-Urinprobenbecher passen, in ein größeres Gefäß mit einem Drahtgitterboden.
- Überpudern Sie die Bienen mit trockenem Puderzucker über ein Honigfeinsieb. Die auf den Bienen sitzenden Milben verlieren dadurch ihren Halt. Sie fallen auf den Gitterboden und können dort gezählt werden.

Tipp
Beobachten Sie Ameisen an der Beute, hilft eine Ölwindel: Stecken Sie dazu eine ganze Rolle Küchenkrepp in eine Plastiktüte und übergießen Sie sie mit Salatöl. Das Öl zieht gleichmäßig bis zum Kern der Rolle durch. Decken Sie die Windel mit einer Lage geöltem Krepp ab und klemmen Sie sie an die Beute. So können Sie die Milben ohne Einflüsse durch Bienen und Ameisen zählen.

Gut zu wissen
Für den Hobbyimker gibt es zwei wichtige Zähltermine: 1. Juli und 1. November. Bei Kontrollen vor Juli oder zweifelhaften Ergebnissen sollte man eine Diagnose über die Puderzuckerdiagnose durchführen.

> **Gut zu wissen**
>
> In ihrer Aussage ist die Puderzuckerdiagnose nicht von der Volksstärke abhängig, trotzdem bleibt sie eine Schätzung. Der Anteil der Milben, die sich gerade in den Bienenbrutzellen befinden und welcher Anteil davon Drohnenbrut ist, bleibt ebenfalls unberücksichtigt.
> Wer sich für das Verfahren interessiert, findet in Internet und Literatur ausreichend Details dazu.

Behandlung mit organischen Säuren – Gib ihnen Saures!

Zur Bekämpfung der Varroamilbe stehen drei organische Säuren zur Verfügung. Andere chemische Behandlungsmethoden etwa mit Pestiziden sind mit dem Charakter des Imkerns in der Oberträgerbeute kaum verträglich. Alle drei im Folgenden beschriebenen Säuren sind in der Oberträgerbeute anwendbar und werden in der Praxis auch genutzt.

Milchsäure

Diese Säure wird in ihrer Eignung trotz ihrer guten Wirksamkeit und relativ geringen Anwendergefährlichkeit häufig unterschätzt. Sie eignet sich sowohl zur Behandlung brutfreier Völker als auch für Schwärme. Schwierig ist sie für Imker mit vielen Bienenvölkern, weil jede Wabe einzeln entnommen und eingesprüht werden muss. Für einen Imker mit sehr wenigen Völkern spielt dies dagegen kaum eine Rolle.

Die **Winterbehandlung** mit Milchsäure zwischen Dezember bis Februar hat sich bewährt, obwohl dabei das ganze Volk geöffnet werden muss. Es sollten Außentemperaturen zwischen 5 und 8 °Celsius herrschen, was das Zeitfenster bei vielen Völkern stark eingrenzt.

- Pro besetzte Wabe werden je Seite circa 8 ml aufgebracht.
- Die Bienen werden eingesprüht, bis sie grau erscheinen. Das Erscheinungsbild hier ist wichtiger als die Dosiervorgabe, denn erscheinen die Bienen schwarz, sind sie vernässt und werden unter der Behandlung leiden.
- Wenn möglich, sollte die Behandlung nach einer Woche wiederholt werden.

> **„Erst das Wasser, dann die Säure, sonst geschieht das Ungeheure."**
>
> Vorsicht beim Umgang mit allen starken Säuren, getreu dieser alten Chemikerweisheit. Benutzen Sie unbedingt **Schutzbrille** und **Gummihandschuhe**. Diese gibt es auch mit Bienenstulpen. Die Stulpen gehören immer über die Oberbekleidung, damit nichts von den Händen ungewollt in den Ärmel fließt.
>
> Außerdem wichtig sind weitere **Schutzbekleidung** (Plastikschürze) oder bereitgelegte Wechselkleidung, **Atemschutz** (Typ FFP2 oder A2P2) und genügend **Wasser zum Abspülen**. Im Garten können Sie einfach den Gartenschlauch mit Gießkopf bereitlegen, Wasserhahn aufdrehen nicht vergessen.

Möchten Sie die **Aufwandsmenge abschätzen**, muss der Handzerstäuber ausgelitert werden. Dazu sprühen Sie die etwa je Volk benötigte Menge in ein offenes Gefäß oder gleich in einen Messzylinder oder Messglas. Zählen Sie dabei die Anzahl der Pumpenhübe. Messen Sie die ausgestoßene Menge und setzen die Anzahl der Pumpenhübe mit der Menge ins Verhältnis. So lässt sich mit einer einfachen Dreisatzrechnung die Anzahl der je Wabe nötigen Pumpstöße errechnen.

Oxalsäure

Diese Säure wird ebenfalls weit verbreitet zur Winterbehandlung der Varroatose eingesetzt. Im Gegensatz zur Milchsäurebehandlung ist man damit nicht so stark an die Witterung gebunden. Dafür ist der Ausgangsstoff deutlich kritischer zu beurteilen.

Nach Herstellerangaben wird die angewärmte Oxalsäure, in Zuckerwasser aufgelöst, in die Wabengassen geträufelt. Verwenden Sie keine Spacer zwischen den Oberträgern, hebeln Sie die Oberträger mit dem Stockmeißel circa einen Zentimeter weit auf. Das Einträufeln geht gezielter mit einer Spritze mit aufgesteckte Schlauch, der mit der zweiten Hand geführt wird. Damit die Oxalsäurelösung nicht aus dem Schlauch tropft, hilft es, am Vorderende einen Stopfen mit sehr engem Auslass aufzusetzen.

Ameisensäure

- Sie eignet sich als **Sommerbehandlung** zur Verdunstung in Völkern mit Brut. Ameisensäure wird als Kurz- oder Langzeitbehandlung eingesetzt. Am unkompliziertesten ist die Behandlung mit Langzeitverdunster wie etwa dem **Nassenheider Verdunster**, bei dem die Säure sehr kontrolliert abgegeben wird.
- Der Verdunster wird in ein einfaches, selbst gebautes Rähmchen eingesetzt und nach Herstellerangabe verwendet. Bei mir reicht hierfür ein Verdunster je Volk.
- Nach dem Abräumen wird zuerst eine Futtergabe von 5 kg Zuckerwasser gegeben, damit das Volk nicht hungert.
- Nach spätestens einer Woche erfolgt die erste Sommerbehandlung mit 120 ml 60 %ige Ameisensäure – es sei denn, eine solche Behandlung ist nicht erforderlich.
- Dann erhalten die Bienen das restliche Futter und anschließend eine Langzeitbehandlung mit 150 ml 60 %ige Ameisensäure. So ist gewährleistet, dass die Bienen das Winterfutter noch aufnehmen.

> **Gut zu wissen**
> Druckspritzen sind für den Hobbyimker wenig geeignet, da die Ausstoßmenge der Geräte druckabhängig ist. Um genau arbeiten zu können, sind aufwendige Geräte mit Druckreduzierern und Manometern erforderlich. Bei einfachen Handzerstäubern kann man die Pumphübe zählen, was viel einfacher ist.

> **Mein Tipp**
> Wenn Sie nur wenige Völker halten, verzichten Sie auf Experimente mit Oxalsäure und führen die Winterbehandlung mit Milchsäure durch. Dies hat den zusätzlichen Vorteil, dass Sie sehen, ob das Volk wirklich brutfrei ist. Brutecken können notfalls entnommen werden. Außerdem ist Milchsäure leichter auch in kleineren Mengen zu erwerben.

> **Mein Tipp**
>
> Zur Varroabehandlung mit Ameisensäure muss der Drahtgitterboden der Oberträgerbeute verschlossen werden. Ist die Windel nur mit Drähten unter der Beute aufgehängt, ist dies kaum zu erreichen. Deshalb ist es besser, die Haltedrähte während der Behandlungsdauer durch Gummibänder zu ersetzen. Dazu zieht man zwei starke Gummibänder ineinander oder schneidet dünne Streifen aus einem Fahrradschlauch, die man in der gewünschten Länge zusammenknotet.

Die Sommerbehandlung kann auch mittels **Schwammtuch** erfolgen. Als Kurzzeitbehandlung bietet dies den Vorteil, dass es schneller geht als mit dem Verdunster. Bei einem späten Trachtabschluss kann dies nützlich sein.

Behandlung von unten. Da in der Oberträgerbeute generell nicht von oben behandelt werden kann, geschieht dies mit einer entsprechend konstruierten Windel von unten. Es ist bei der Oberträgerbeute aber nicht so einfach, den Boden zu verschließen, denn wenn man die Varroawindel nicht als Schublade ausführt, ist es ein wackeliges Geschäft, die säuregetränkte Windel waagerecht unter dem Kasten zu fixieren. Bei einer seitlichen Eingriffsöffnung ist es schwierig, Windel, Schwammtuch und eine bienenschützende Gitterabdeckung unter den Waben zu positionieren.

Behandlung innerhalb der Beute. Alternativ gut eigenen könnte sich die Ameisensäurebehandlung mit dem Schwammtuch nach der Methode nach Stadelmann (Pohl, 2013) – aus der Anwendung in der Golz- auf die Oberträgerbeute übertragen. Das Schwammtuch wird hierbei im leeren Raum ohne Schied neben dem Bienenvolk auf einen umgekehrten 5-Liter-Eimer gelegt.

Die nach unten verengte Form macht allerdings ein Umdrehen des Eimers unmöglich. Er wird deshalb, abweichend zum Einsatz in der Golzbeute, mit der Öffnung nach oben in die Beute gestellt und mit einem Teller abgedeckt. Der Teller muss den 5-Liter-Eimer, wie er auch zum Füttern verwendet werden kann, relativ gut abschließen, damit dessen Luftvolumen nicht mit zur Verdünnung der Ameisensäure führt. Sollte, bei nicht voll besetzten Beuten, seitlich neben dem Eimer zur Außenwand hin noch freier Platz sein, wird, um den Raum zu verkleinern, hier das Schied eingehängt.

- Legen Sie dann das Schwammtuch auf den Teller.
- Vor der ersten Ameisensäuregabe feuchten Sie das Tuch mit Wasser an und wringen es wieder aus.
- Täglich, maximal über drei Tage, geben Sie dann mit einer Spritze 35 ml gekühlte 60%ige Ameisensäure auf das Tuch.

Falls sich die Methode bewährt, könnte sie wahrscheinlich so modifiziert werden, dass eine Anwendung des Langzeitverdunsters nach Liebig (1998) mit Tellerverdunster und Medizinflasche in der Oberträgerbeute auf einer Ebene möglich ist. So bestünde eine Alternative zum bewährten Nassenheider Verdunster.

> **Gut zu wissen**
>
> Die 5-Liter-Eimer und der Deckel oder Teller müssen säurefest sein. Beklebten Verkaufsverpackungen traue ich nur bedingt. Doch wenn sie die Anforderungen erfüllen, kann man sie natürlich verwenden.

Königinnenzucht, ja oder nein?

Züchtung bedarf der Auslese und ist die Nachahmung der natürlichen Selektion, aber nach vom Menschen festgelegten Zuchtzielen. Dies ist aufwendig, deshalb wird der Imker in der Oberträgerbeute in der Regel Königinnen von Züchtern zukaufen. Da in der Oberträgerbeute meist nicht mit den Königinnen weitergezüchtet wird, genügt oft eine gute begattete Gebrauchskönigin.

Um eine Königin auszutauschen, ist es am einfachsten, die alte Königin zu entnehmen und nach neun Tagen die vorhandenen Nachschaffungszellen zu entfernen. Nun ist das Volk hoffnungslos weisellos und bereit, eine fremde Königin anzunehmen oder selbst eine aufzuziehen.

Soll das Volk die Königin selbst aufziehen, geben Sie ihm ein Wabenstück oder eine ganze Wabe mit Zuchtstoff, also jüngster Brut oder Eier, die der Imker Stifte nennt, ohne Bienen oder Königin. Da die Bienen nur wenige Königinnenzellen anlegen, bleibt genügend Brut übrig, die dann die Varroamilben nach dem St.-Antonius-Prinzip von den Königinnenzellen ablenkt.

Wabenstücke in der Oberträgerbeute befestigen

Größere Wabenstücke werden mit einer großen Haarklammer oben eingeklemmt und daran unter einem Oberträger montiert (siehe Tafel 3, Foto 4).

Für kleinere Wabenstücke bereiten Sie einen Oberträger speziell vor. Schneiden Sie von einem punktgeschweißten Mäusegitter (Maschenweite ca. 6 mm) einen Streifen ab und zwar so, dass die seitliche Masche auch seitlich gerade angeschnitten wird. Durch die offenen Gitterzellen bildet sich eine kammartige Struktur. Durch Umbiegen der Drähte und Befestigen des Gitters etwa 2,5 cm unter der Mitte des Oberträgers ergibt sich eine gleichmäßige Reihe kleiner Dornen, an der das Wabenstück aufgehängt werden kann.

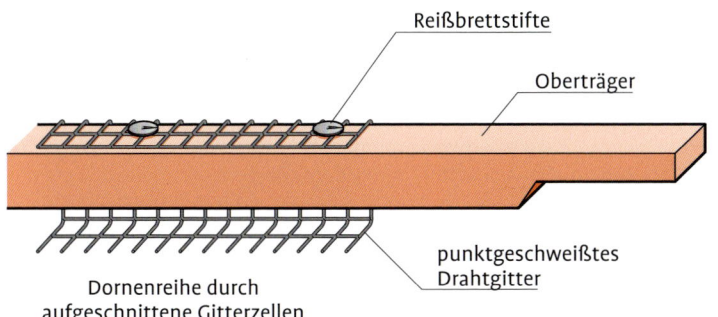

Zuchtstoff: Wird mit einem Stück Mäusedraht unter einem Oberträger befestigt.

Umlarven

Eine echte Königinnenvermehrung ist in der Oberträgerbeute durchaus sinnvoll. Sie können dann eine hochwertige Königin kaufen und die Königinnen selbst vermehren. Zugleich mag dies für eine schöne Bewusstseinserweiterung gegenüber den Prozessen im Bienenvolk sorgen. Wollen Sie aus dem Spendervolk keine ganze Wabe mit der wertvollen Königin entnehmen, ist es am besten, sich an das Umlarven zu trauen. Doch auch wenn für das Umlarven nur die wenigsten Maden aus dem Spendervolk genommen werden müssen, ist diese Methode nicht für Kleinstimker zu empfehlen.

Der wichtigste Grund ist die Varroamilbe. Im brutlosen Volk ist selbst die Königinnenlarve gefährdet, die sonst wegen ihrer kurzen Entwicklungsdauer wenig attraktiv für Varroamilben ist. Ein schlechtes Gewissen brauchen Sie aber auf keinen Fall zu haben, denn durch die Brutunterbrechung wird auch die Milbe um einen Vermehrungszyklus zurückgeworfen, was auf jeden Fall gut ist. Imkern Sie mit sehr wenigen Völkern, ist es auf jeden Fall besser, nicht einzelne „edle" Maden in das Volk zu geben, sondern wie oben beschrieben eine ganze oder ein Stück Wabe mit jüngster Brut.

Das Umlarvverfahren lassen Sie sich am besten von einem erfahrenen Imker zeigen. Es verlangt viel Vorbereitung, spezielle Werkzeuge und Erfahrung. Weiselnäpfe können Sie fertig kaufen oder selbst herstellen. Das Verfahren funktioniert analog der Herstellung von Starterstreifen (siehe Seite 89 und Tafel 6, Bild 1 und 2).

Für Weiselnäpfchen gibt es fertige Formhölzer. Sie werden einen Tag lang in Wasser gelegt, dann 3-mal unterschiedlich tief in flüssiges Wachs und anschließend in kaltes Wasser getaucht. Ziehen Sie das fertige Näpfchen vom Formholz ab. Meisterhafte Näpfchen haben einen dünnen Rand und richten sich wie Stehaufmännchen von selbst auf.

Die Näpfchen werden mit flüssigem Wachs auf einen Zuchtstopfen und dieser wieder mit Wachs direkt unter einen Oberträger geklebt. Soll die Königin direkt im Volk aufgezogen werden, genügen 3 bis 4 Zellen je Volk. Die Bienen nehmen bei der Auswahl nicht jede Larve gleich gut an und eventuelle Schäden durch das Umlarven können ausgeglichen werden.

Damit die rähmchenlose Wabe zur Entnahme der Larven beim Ablegen auf die Seite nicht unter ihrem eigenen Gewicht abgeknickt wird, hält man eine feste Unterlage hinter die Wabe und legt beides zusammengefasst auf die Arbeitsfläche. Nach dem Umlarven wird die Wabe wieder mit der Unterlage zusammengefasst, aufgerichtet und in das Volk zurückgehängt. So gehen Sie beim Umlarven vor:

- Entnehmen Sie eine Wabe mit jüngster Brut und fegen Sie sie ab.
- Legen Sie die Wabe im Schatten auf eine Unterlage. Betten Sie die jüngsten Larven mit einem Umlarvlöffel in die künstlichen Weiselnäpfchen um.
- Legen Sie die Larven schonend auf dem Zellboden ab und drehen Sie sie keinesfalls dabei um.

Nach sieben Tagen kontrollieren Sie die Zellen und lassen nur eine einzige übrig. Dies wird die Bienen daran hindern, mit einer von mehre-

---

Gut zu wissen

Im Imkereifachhandel sind verschiedene Modelle von Weiselnäpfchen und Zubehör erhältlich. Besonders empfehlenswert sind die chinesischen Umlarvlöffel, die die Larve schonend auf eine biegbare Hornzunge aufnehmen und mit einer Abschiebeeinrichtung ausgerüstet sind.

Wichtig

Die Larven dürfen nicht gedreht werden. Sie liegen in den Zellen auf einer Seite im Futtersaft, auf dieser Seite sind ihre Atemöffnungen (Tracheen) geschlossen. Wird sie gedreht, müssen die Larven ersticken.

ren Königinnen einen Schwarm zu bilden. Ab dieser Kontrolle lassen Sie dem Volk drei Wochen Ruhe.

Junge Königinnnen – echte Prinzesschen
Die Königin wird rund 12 bis 13 Tage nach dem Umlarven schlüpfen und 5 Tage reifen, bevor sie zum ersten Hochzeitsflug startet. Etwa einen Tag nach den erfolgreichen Begattungsflügen wird die junge Königin mit der Eiablage beginnen. Bei schlechtem Wetter kann sich dies auch etwas hinziehen, dann ist erst nach etwa drei Wochen mit neuer Brut zu rechnen.

Leider haben die Prinzessinnen nicht immer die beste Orientierung. Damit sie sicher wieder zu Hause kommen und nicht in der großen weiten Welt verloren gehen, sollte man ihnen das Auffinden des Heimatstockes so leicht wie möglich machen. Bienenkästen mit verschiedener Himmelsausrichtung helfen ebenso wie deutliche Farbe, besser noch, räumliche Hinweise. Setzen Sie einfarbige Oberträgerbeuten ein, können Sie einen oder mehrere Verschlussstopfen farbig bemalen (siehe Tafel 7, Bild 2).

Die Königin im Volk finden
Muss die Königin unbedingt gefunden werden und es gelingt Ihnen trotz intensiver Völkerdurchsicht nicht, schauen Sie erst, ob sie nicht auf der Innenwand der Beute Zuflucht sucht. Es gibt solche Spezialistinnen.

Wissen Sie nicht genau, ob ein Volk überhaupt im Besitz einer Königin ist, können Sie eine **Weiselprobe** durchführen. Dazu wird in das Volk genau so wie es unter der Beschreibung zur Königinnenvermehrung beschrieben ist, Zuchtstoff eingebracht.

- Nach zwei Tagen prüfen Sie die Annahme. Werden die Zellen gut angenommen beziehungsweise Nachschaffungszellen angelegt, können Sie davon ausgehen, dass das Volk keine Königin hat.
- Werden die Königinnenzellen schlecht angenommen, alle weiblichen Larven als Arbeiterinnen aufgezogen oder die künstlichen Weiselnäpfe sogar abgetragen, verfügt das Volk über eine unerkannte Königin.

Durchsieben
Als letzter Weg, die Königin zu finden, bleibt das Durchsieben des Volkes mit einem Absperrgitter. Vorher wird man die Brutwaben inspizieren, ob es Anzeichen von Drohnenbrut oder eine geschlüpfte Weiselzelle gibt.

- Vor den Fluglöchern des Volkes wird ein Absperrgitter oder eine Königinnenbox angebracht und eine Rampe zum Beuteneingang aufgebaut.
- Nachdem das Absperrgitter oder die Königinnenbox angebracht wurde, wird das ganze Volk auf die Rampe abgefegt. Die Bienen ziehen in erstaunlicher Geschwindigkeit wieder durch die engen Fluglöcher in das Volk hinein.
- Die Königin wird durch das Absperrgitter vor den Fluglöchern aufgehalten und kann abgefangen werden. Mit der Box gefangen, müssen Sie die Königin nicht am Gitter greifen, sondern Sie können sie mit den wenigen Bienen, die mit ihr in der Box sind, an einen gewünscht Ort ausschlagen.

> **Wichtig**
> Standbegattete Königinnen sind für die weitere Züchtung schwierig, da die Töchter verschiedene Väter haben. Aber bei schwer herauszuzüchtenden Merkmalen wie Gesundheit und Fruchtbarkeit gewinnen die Völker gerade durch diese Vielfalt. Die Halbschwestern mit den gleichen Vätern sind besonders eng verwandt und werden Supersisters genannt. Sie übernehmen häufig spezielle Aufgaben. In engen Zuchtlinien fehlen diese Spezialistinnen.

> **Gut zu wissen**
> Eine Königinnenbox besteht aus einem etwa 7,5 am schmalen Rahmen, der an der Vorderseite offen und an der Rückseite mit einem festangebrachten Absperrgitter versehen ist. Beim Versuch, zurück ins Volk zu gelangen, bleibt die Königin in der Box, da sie das Absperrgitter nicht passieren kann. Sie kann mitsamt der Box abgenommen werden.

Eine Königin, die man auf diese Weise aussieben muss, wird meistens nicht gezeichnet sein, sonst hätte man sie wahrscheinlich schon vorher gefunden. Deshalb ist die Sieb-Methode nicht vollständig zu ersetzen durch die Entwicklung etwa des Apinauten, einem Kugelschreiber mit einer Metallmine, der Königinnen mit einem aufgeklebten magnetischen Metallplättchen fängt oder einer Metallschiene am Flugloch, die die mit magnetischen Plättchen versehenen Königinnen festhält.

Erfahrene Imker fangen Königinnen mit der Hand von der Wabe, für Kleinstimker reicht dazu auch ein handelsüblicher Königinnenfangkäfig aus. Die Anschaffung eines Apinauten hat in diesen Bereichen eher etwas mit Liebhaberei zu tun.

Organtransplantation – Zusetzen von Königinnen

Betrachtet man ein Bienenvolk als einen Superorganismus, spielt die Königin die Rolle des weiblichen Organs des Volkes. Auch beim Bienenvolk führt der Austausch eines einzelnen Organes zu Abstoßungsreaktionen. Doch auch wenn die wenigsten Oberträgerimker selbst züchten, gibt es Gründe, Königinnen auszutauschen, etwa

- bei stechlustigen Völkern,
- bei Völkern mit Kalkbrut,
- bei Königinnen, die bereits 2 oder 3 Jahre alt und daher tendenziell schwarmfreudiger sind,
- bei Königinnen, die mangelnde Leistung zeigen,
- bei Königinnen, mit deren Schwarmneigung man unzufrieden war.

Dem Gedanken einer naturnahen Imkerei allerdings widerspricht das regelmäßige Austauschen aller älteren Königinnen. Für Imker, die auf Naturnähe Wert legen, schließt es sich daher aus. Für Imker, die Schwärme aus ihrer Situation heraus weitgehend vermeiden wollen, kann es aber ein Weg sein, Königinnen jedes oder jedes zweite Jahr systematisch auszutauschen.

Vorteile einer systematischen Königinnenerneuerung

Wertvolle Königinnen heben durch ihre Drohnen das Zuchtniveau einer ganzen Gegend. Da auch Hobbyimker von dieser Zuchtarbeit bei ihren zugekauften oder standbegatteten Königinnen profitieren, ist es richtig, auf gutes Zuchtmaterial zu achten.

- Die Völker sind auf einem höheren Zuchtniveau als mehrfach nachgezogene Töchter.

> **Mein Tipp**
>
> Imkern Sie am besten mit der gleichen Bienenrasse wie Ihr Nachbar. Als Hobbyimker mit wenigen Völkern können Sie nicht selbst züchten. Sie sollten es deshalb den Nachbarimkern leicht machen, reinrassige Bienen aus Standbegattung zu erhalten. Gehören die eigenen Drohnen nicht der ortsüblichen Rasse an, werden sie sich trotzdem im Flug mit den freifliegenden Königinnen der Nachbarimker paaren, und bei Rassenmischungen kann dies zu sehr stechlustigen Mischlingen führen.

Tafel 1

1 An Stützpfählen hängend angebrachte Oberträgerbeute mit Alublechdach und mittigen Fluglöchern an der Seite. Darüber hängt ein Schattendach. Blechdosen schützen die Pfahlköpfe vor der Witterung. Angemalt wurde die Beute von meinen Kindern. **2** Warnhinweis, direkt auf der Beute angebracht. Auf dem Bild sind die Haltedrähte der Beute sowie die Befestigung von Dach und Windel gut zu erkennen. Die Aufhängedrähte werden zur Außenwand der Beute geleitet und dort um eine Öse gewickelt. Die Zugkräfte halten so die Beute zusätzlich zusammen und die Drähte bleiben in der Länge verstellbar. **3** Mit Rasenmäher und Vertikutierer fahren Sie einfach unter der Beute entlang. **4** Rebhühner im Garten suchen ein paar tote Bienen und Schutz unter den Oberträgerbeuten.

Tafel 2

1 Die Bienen haben begonnen, eine Wabe unter einem Oberträger auszubauen. Diese Wabe besitzt zwei stabilisierende Drähte in U-Form, die aus Kleiderbügeln geschnitten wurden. **2** Ein Kunstschwarm sammelt sich um die gekäfigte Königin. Dazu wird die Rampe mit einem Abstand von etwa 20 cm zum Flugloch des Muttervolkes aufgestellt. Junge Bienen sind noch orientierungslos und können diesen Abstand nicht überwinden, die Flugbienen fliegen in den Stock zurück. **3** Bildung eines Feglings durch Abkehren von Bienen vor einem Feglingskasten. Als Unterlage dient eine Strandmatte. Vor den nicht sichtbaren (vermehrten) Fluglöchern ist ein Absperrgitter angebracht.
4 Bienen aus einem aufgelösten (Zwischen-)Ableger krabbeln von der Rampe in ihr neues Zuhause.

1 Modifizierter Miller-Zusetzkäfig, angebracht unter einem Oberträger. Um der Königin einen Rückzugsort zu geben, wurde eine Seite mit transparenter Folie bienendicht verkleidet. **2** Ein Schaufenster, in die Seitenwand einer Oberträgerbeute eingebaut, bietet Kindern und Gästen die Gelegenheit, sich lebende Bienen anzuschauen. Im Winter wird das Fenster mit einer Kartonauflage zusätzlich isoliert. **3** Typischer, aber seltener Wabenabriss einer überbauten Wabe. **4** Ein Stück Brutwabe, das als Zuchtstoff oder als Weiselprobe in ein Volk gehängt wird. Mit Draht und einer Haarklammer wird das Wabenstück unter dem Oberträger fixiert.

1 Mit einem Brotmesser mit abgerundeter Spitze werden die Honigwaben in einer Isolierbox klein geschnitten. **2** Mit einem Honigrührer oder Kartoffelstampfer werden dann die klein geschnittenen Waben zu einem Wabenbrei zerstampft. **3** Vierteilige Crush-and-Strain–Eimerkonstruktion. Sie besteht 12,5-kg-Honigeimer, einem Seihtuch mit Stopperknoten, in das der Wabenbrei gegeben wird, einem Klemmring, der aus dem oberen Teil eines Eimers geschnitten wird, und einem Deckel. Diese Konstruktion kann auch als Honigsieb genutzt werden. **4** Wabe, die, nachdem seitlich Drohnenecken geschnitten wurden, für mindestens eine Woche mit zwei Drähten stabilisiert wurde. Typisch für eine senkrechte Schnittführung wurden an der Schnittkante durch die offene Brut Königinnenzellen angelegt. Möchte man nicht Umlarven, lässt sich dieses Verfahren auch zur Königinnenzucht nutzen (Millermethode).

1 Ältere Kartoffelpresse mit eingelegtem Presssack und Honigeimer mit Quetschhahn. Zum Pressen wird die Kartoffelpresse in den Honigeimer gestellt. **2** Edelstahlpresse mit Lochpresskorb. Diese Presse verfügt über einen seitlichen Ablauf und kann auch ohne Presssack verwendet werden. **3** Honig, der im Wasserbad (Einkochautomat) verflüssigt und für drei Tage geklärt wurde. Mit einer küchenüblichen Frischhaltefolie, glatt auf die Oberfläche gelegt, kann der Honigschaum in einem Arbeitsgang fast vollständig abgezogen werden. **4** Wachsschmelzen in einem Bratschlauch mit einem Drahtschwamm als Auslasssieb und einem Tapetenlösegerät als Dampferzeuger. Die Wabenstücke befinden sich in einem Siebkorb aus dem Spargeltopf, der selbst als Auffanggefäß dient.

Tafel 6

1 Von einer mehrfach in Wachs getauchte Holzleiste werden nach dem Aushärten im Wasserbad die Starterstreifen abgelöst. Um bei großen Wachsmengen rationeller arbeiten zu können, steht im Wasserbad eine weitere Eigenkonstruktion mit zwei Leisten.   **2** Befestigen der Starterstreifen in den Oberträgern mit flüssigem Wachs in einer Einwegspritze.   **3** Stressfreies Füttern durch eine bienendichte Gitterauflage. Die 1:1-Zuckerlösung fließt in einen in der Beute stehenden 5-Liter-Futtereimer mit halbierten Korken, die die Bienen vor dem Ertrinken bewahren.
4 Nach dem Auffüttern lässt sich das Gewicht der Oberträgerbeute, die an zwei Federwaagen hängt, ermitteln.

1 Zum einfachen Herstellen der Stirnflächen einer Oberträgerbeute mit der Handkreissäge ist ein Winkelanschlag sehr nützlich. **2** Der Blick schräg von unten auf die Beute zeigt die Windel, die mit einem Gummiband dicht angelegt wurde, um eine Ameisensäureverdampfung durchzuführen. Bei sonst einfarbigen Beuten können die bunten Verschlusskorken den Bienen zur Orientierung dienen. **3** Einblick in einen leeren Teil einer Oberträgerbeute. Durch das Bodengitter ist die Varroawindel mit den blauen Linien als Zählhilfe zu erkennen. Am rechten Bildrand sieht man eine fest eingebaute Führung aus aufgehefteten Leisten für ein bienendichtes Schied oder Absperrgitter. Die rote Markierung auf den Oberträgern hilft, die Ausrichtung der Waben beizubehalten. **4** Ermittlung des Varroa-Befalls über die Puderzuckermethode. Die Milben werden mitsamt dem Puderzucker von den Bienen in ein Honigsieb abgeschüttelt und können dann gezählt werden.

Tafel 8

1 Für Kleinstimker noch immer eine sehr empfehlenswerte Methode: Die Milchsäurebehandlung im Sprühverfahren. Die Bienen dürfen dabei nur grau, nicht aber schwarz erscheinen. **2** Oxalsäurebehandlung in der Oberträgerbeute. Die handwarme Lösung wird auf die Bienen in den aufgehebelten Wabengassen geträufelt. Um die besetzten Waben zu erkennen, ist ausreichend Tageslicht nötig. Für eine vorsichtige Dosierung ist der auf die Spritze gesetzte Schlauch mit einem Stopfen verschlossen, der nur einen mit einer Nadel durchgestochenen, feinen Durchlasskanal besitzt. Es lassen sich hier auch Spritzenaufsätze verwenden, wie sie zur Milchfütterung von Kleintieren benutzt werden. **3** Kurzzeitbehandlung mit Ameisensäure über ein Schwammtuch auf einem abgedeckten 5-Liter-Eimer. **4** Nassenheider Langzeitverdunster, hier in einem selbstgebauten Halterahmen an einem Oberträger.

- Das Risiko, dass die Bienen ihre Königin zu Unzeiten aus Altersschwäche verlieren und drohnenbrütig werden, ist deutlich niedriger.
- Die Schwarmneigung der jungen Königinnen ist deutlich geringer.

Umweiseln
Einem Volk eine fremde Bienenkönigin zusetzen, gleicht einem Staatsputsch. Also wappnen Sie sich: Suchen Sie sich Wohlgesinnte, versuchen Sie, potenzielle Feinde für sich zu gewinnen. Die herrschende Regentin wird beseitigt. Weitere Hilfsmittel sind Tarnung und Verwirrung.
- Ihre Wohlgesinnten sind die jungen Stock- und Baubienen, die Sie dazu bringen können, sich um die neue Königin zu scharen.
- Die Feinde sind die alten Flugbienen.
- Verwirrung stiften und Tarnung bieten können Sie zum Beispiel durch Rauch, Zuckerwasser oder Alkohol.

Eine besondere Variante ist es, Königinnen vorher eine eigene Hausmacht zu schaffen, indem man sie erst in einen Ableger einweiselt und diesen dann mit dem Hauptvolk vereinigt. Die Methode ist für Hobbyimker meist zwar nicht angemessen, aber gut dann möglich, wenn sowieso Zwischenableger zur Schwarmlenkung geschaffen werden.

> **Mein Tipp**
> Für das Umweiseln in der Oberträgerbeute empfehle ich ein gestuftes Verfahren, das mehrere der zuvor genannten Aspekte berücksichtigt. Je wertvoller eine Königin ist, desto höher darf der Aufwand sein, den Sie dabei betreiben.

Markieren der Königin
Das Umweiseln beginnt mit dem Zeichnen der Königin. Durch den farbigen Punkt auf dem Rücken ist sie eindeutig gekennzeichnet, kann nicht mehr mit einer nachrückenden Tochter verwechselt werden und Sie können davon ausgehen, dass Sie sie relativ sicher und schnell finden.

Die Vorgehensweise beim Zeichnen selbst ist an vielen Stellen beschrieben und die Reihenfolge der wechselnden Jahresfarben steht auf der Verkaufsverpackung der Zeichnungsutensilien gleich mit aufgedruckt. Was aber nicht überall steht:
- Suchen Sie sich für das Zeichnen ein sicheres Plätzchen. Königinnen, die gerade erst in Eiablage gegangen sind, versuchen sich schon mal durch Flucht zu entziehen. In einem geschlossenen Raum oder Pkw ist die Wiederergreifung der Flüchtigen deutlich einfacher als in Feld und Flur.
- Damit die Königinnen nicht über das Wochenende im Paketstau hängen bleiben, werden Sie meist Anfang der Woche versandt. Zu der Zeit sind Sie selbst häufig aber noch zeitlich eingeschränkt. Nehmen Sie sich also nicht zu viele Völker an einem Abend vor.

Stufe-1-Umweiselung
In eine Wabe wird unter dem Oberträger ein großzügiger Ausschnitt für den Königinnenkäfig geschnitten und die alte Königin entnommen. Haben Sie wenige Völker oder möchten alle Königinnen in einem Schritt austauschen, kann es sinnvoll sein, diese Königinnen erstmal nur ins Exil zu schicken, sie also in einem Ableger oder Begattungsableger zu parken – sicher ist sicher!

Von Begleitbienen befreien

Jetzt wird die neue Königin von ihren Begleitbienen getrennt. Das kann, wenn man zu Hause ist, in einem bienendichten Raum passieren. Man lässt dann die Begleitbienen gegen ein geschlossenes Fenster abfliegen. Sollte die Königin fliehen, fliegt sie zum Licht vor das Fensterglas und geht nicht verloren. Im geschlossenen Pkw, wie etwa beim Zeichnen, sollten Sie dies aber nicht tun, sonst haben Sie die orientierungslosen Begleitbienen im Wagen.

Stehen Ihre Bienen nicht am Haus, können Sie die Begleitbienen auch in einem Gefrierbeutel abfliegen lassen. Gehen Sie dabei wie folgt vor:

- Ziehen Sie zuerst einen Imkerhandschuh an.
- Dann führen Sie ein Gummiband wie ein Armband über die Hand.
- Greifen Sie den Versandkäfig mit dem Handschuh und stecken Sie die Hand mit dem Käfig in einen Gefrierbeutel.
- Spannen Sie das Gummiband über den Rand des Gefrierbeutels.
- Mit einer geschützten Hand im Beutel und einer Hand außerhalb des Beutels bleibt ausreichend Platz zum Hantieren mit dem Käfig. Das Öffnen und Schließen des Käfigs oder das Zurückhalten der Königin funktioniert erstaunlich gut mit den beiden Händen.
- Damit die Begleitbienen den Käfig verlassen, wird er etwas geöffnet und, wenn notwendig, leicht in der Hand geschüttelt. Die Bienen regen sich auf und verlassen den Käfig einzeln durch die kleine Öffnung.
- Da die Begleitbienen nicht mit eingeweiselt werden, können Sie sie auch der Einfachheit halber gleich abdrücken.
- Befindet sich nur noch die Königin im Käfig, ziehen Sie die Hand mitsamt dem Käfig vorsichtig aus dem Beutel.
- Wollen Sie nun die Königin in einen anderen Käfig umsetzen, halten Sie die Öffnung des Zusetzkäfigs zum Beispiel auf einen Versandkäfig und schieben diesen nur so weit auf, dass die Königin nach oben ins Helle laufen kann.

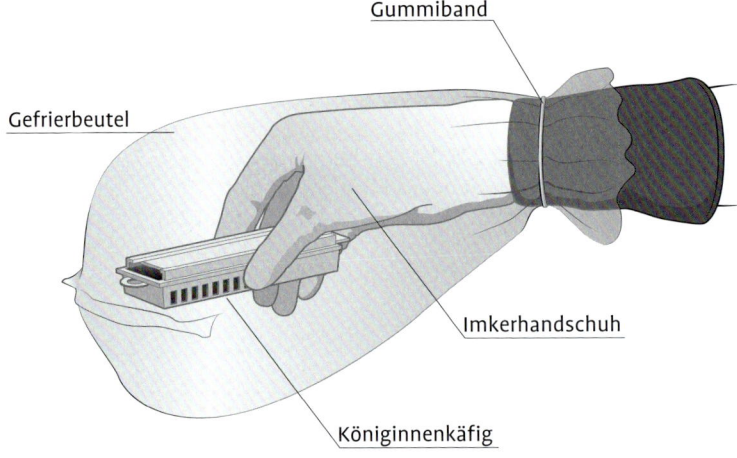

Mit der einen Hand im Gefrierbeutel können Sie die Begleitbienen kontrolliert abfliegen lassen. Die zweite Hand greift einfach von außen zu, etwa um den Käfig zu öffnen oder zu schließen.

Vorteilhaft an diesem Verfahren ist, dass es sehr leicht und ohne Technik funktioniert. Auch im Gegensatz zum Umweiseln im weisellosen Volk ist das Timing in der Vorbereitung einfacher, und wenn die erwarteten Königinnen nicht rechtzeitig eintreffen, ist noch nichts passiert.

> **Mein Tipp**
>
> Selbst wenn ich eine verlorene Königin ersetzten möchte, lasse ich die Bienen erst einmal eine Königin nachziehen, die dann jederzeit in der Bienensaison ersetzt werden kann. Außerdem sind weisellose (stechlustige) Völker unerwünscht.

Zusetzen

Der Käfig mit der designierten zukünftigen Königin wird mit einem haselnussgroßen Futterteigstopfen verschlossen und mittels Draht unter dem Oberträger in dem vorbereiteten Ausschnitt befestigt. Bedingung ist, dass die Königin eine dichte Rückzugswand im Käfig hat, an der sie sich vor anderen Bienen in Sicherheit bringen kann.

Wichtig ist, schnell zu handeln, möglichst bevor die Bienen bemerken, dass ihre alte Königin überhaupt weg ist. Der Vorgang von der Entnahme der Königin bis zum Ende des Eingriffs, darf also maximal eine halbe Stunde dauern.

Stufe-2-Umweiselung

Diese Stufe entspricht der ersten, mit einer einzigen, leicht umzusetzenden Verbesserung: Es wird keine vorhandene, ausgebaute Wabe, sondern ein Oberträger mit Wachs-Starter-Steifen oder Mittelwandstreifen zum Einweiseln verwendet. Der Vorteil besteht darin, dass sich um den Königinnenkäfig herum wohlgesonnene Baubienen versammeln. In einfacher Ausführung wird dies im **Wohlgemuth-Zusetzkäfig** als Einheit aus Käfig und Zusetzverfahren auf die Bedingungen in der Oberträgerbeute übertragen.

Stufe-3-Umweiselung

Diese letzte Stufe vereinigt die beiden beschriebenen Verfahren mit einem weiteren System, das konstruktionsbedingt zugleich ein Zusetzkäfig und eine -methode darstellt, dem **modifizierte Millerkäfig**.

Der Miller ist ein Käfig mit zwei verschieden langen Zugängen. Der kurze Durchgang ist so schmal, dass die Königin nicht hindurchpasst. Die Bienen fressen sich durch den Zuckerteig zur Königin, können so nur einzeln hinein und tragen dann den Duft der neuen Königin durch das Volk. Erst wenn er sich im Volk ausgebreitet hat und genug ehemalige Feinde zu Anhängern geworden sind, wird auch der längere, breitere Gang freigefressen sein. Dann kann die Königin den sicheren Käfig verlassen. Der Putsch ist gelungen.

Der Millerkäfig ist mit einem drehbaren Bügel versehen. Beim Imkern mit Rähmchen wird er damit zwischen zwei Rähmchen in die Wabengasse gehängt. Dies stellt sicher, dass die Ausgänge immer frei bleiben. Damit die Königin im Käfig geschützt ist, muss er links oder rechts direkt an eine Wabe herangeschoben werden.

Modifikationen für die Oberträgerbeute

- Die beiden **Bügel** des Käfigs werden gerade nach oben gebogen. So können sie durch ein einzelnes Bohrloch im Oberträger gesteckt werden, die überstehenden Enden werden umgebogen. Der Käfig ist direkt mittig unter dem Oberträger aufgehängt (siehe Tafel 3, Bild 1). Durch diese Positionierung wird der Abstand zwischen zwei Oberträgern nicht vergrößert. Dies kann aber notwendig sein kann, wenn man versucht, den Zusetzkäfig in die Wabengassen zu hängen. Der entstehende Spalt wird von den Bienen mit Wildbau zwischen den Waben gefüllt und diese werden dabei meist auch miteinander verbaut. Um die Beweglichkeit der Waben zu erhalten, sollte dies vermieden werden.
- Der Millerkäfig ist ursprünglich zu beiden Seiten nur mit einem **Drahtgitter** geschlossen, damit er in einer Beute mit Rähmchen in einer Wabengasse nach links oder rechts an eine Wabenseite herangeschoben werden kann. In der Oberträgerbeute, wo er von beiden Seiten frei unter einem Wabenträger aufgehängt wird, muss eine Seite dicht verschlossen werden, damit sich die Königin am Anfang zurückziehen kann. Schneiden Sie dazu einen Plastikstreifen aus einem Verpackungsrest und tackern ihn mit Heftklammern auf eine der Seiten.

Wohin mit den altgedienten Majestäten?

Auch wenn es das Ziel ist, die alte Regentin auszutauschen und man vielleicht nicht mehr gut auf sie zu sprechen ist, bringt man sie, wenn man nur ein oder zwei Völker hat, nicht direkt um. Vielmehr schickt man sie ins Exil oder moderner, in eine Seniorinnenresidenz.

Hierzu werden Kleinstableger gebildet. Da solche kleinen Völker unnatürlich sind, muss die Wärmeisolierung des Ablegers äußerst gut sein, und so haben sich hierfür die Begattungskästchen aus Styropor weitgehend durchgesetzt.

Füllen Sie die Futterkammer mit Zuckerteig und feuchten Sie die Bienen an. Geben Sie die eigene Königin ohne weiteren Schutz über die Futterkammer zu. Zum Befüllen eines Kirchhainer Begattungskästchens benötigen Sie nur eine Suppenkelle voll junger Bienen.

- Solche Kleinstableger können wie andere Ableger in Magazinbeuten gebildet werden: Im obersten werden zwei Waben für etwa zwei Stunden entnommen. Danach haben sich in der Wabenlücke zahlreiche – junge – Baubienen unter der Deckelfolie aufgekettet. Diese werden mit der Folie herausgehoben und in das Begattungskästchen eingeschlagen.
- Modifiziertes Vorgehen in der Oberträgerbeute: Entnehmen Sie zwei Waben aus der Mitte eines starken Volkes oder schieben Sie sie einfach entsprechend auseinander, wenn dafür genügend Platz in der Beute ist. Anschließend legen Sie zwei Oberträger mit Wachs-Starterstreifen in die Lücke ein. Zur Vereinfachung können die beiden Oberträger auf der Oberseite mit einer festgehefteten Auflage aus Leisten oder Kunststoffstreifen miteinander verbunden werden. Auch hier werden die Oberträger nach zwei Stunden abgehoben und die Bienen in das Begattungskästchen gestoßen.

Gut zu wissen

Das Kirchhainer Begattungskästen ist eine Oberträgerbeute in Kleinstformat. Stellen Sie ein Begattungskästchen am besten einzeln wie ein Vogelhäuschen auf einem Pfahl auf. Sichern und halten Sie es mit einem aus Fahrradschlauch geschnittenen Gummiband zusammen.

Auffüttern

Der letzte Schritt in der Saison, abgesehen von der Varroabehandlung, ist der erste Schritt im Bienenjahr: das Auffüttern. Um Honig entnehmen zu können, ohne das Volk zu gefährden oder spezielle Spättrachten als Futterquelle wie Indisches Springkraut (auch Drüsiges oder Himalaya-Springkraut genannt) anzuwandern, müssen die Bienen mit Zucker aufgefüttert werden.

Für Berufsimker gilt der Spruch: „Diesel – für das Wanderfahrzeug – ist das beste Bienenfutter." Allerdings kann man auch sagen: Blühende Landschaften mit verstreuten kleinen Standplätzen ohne Wandern sind das beste Bienenfutter. Es bleibt eine Abwägung, ob Tracht oder die Vermeidung von Stress durch Wanderungen der größerer Gewinn ist. Die standortgebundenen Imkerei folgt dem ersten, die Hobbyimkerei eher dem zweiten Ansatz.

Und Winterfutter wird meist nicht preisgünstig per Paketdienst zugestellt, deshalb es für den Hobbyimker einfacher, Zucker im Lebensmitteleinzelhandel zu kaufen. Häufig ist dieser sogar billiger als Zuckerlösung oder Futterteig aus dem Imkereifachhandel.

Zuckerwasser

Die Bienen nehmen Zuckerwasser schneller auf als Futterteig. Die Zuckerlösung wird in einem lebensmittelgeeigneten Eimer auf einem Brettchen in mehreren Gaben neben das Bienenvolk in die Beuten gestellt. Damit die Bienen nicht darin ertrinken, ist es wichtig, Schwimmhilfen zu bieten. Am besten eignen sich dazu lange trockene Grashalme ohne Wurzeln oder Erde, an denen die Bienen zum Zuckerwasser hinabklettern können. Auch halbierte Korken eignen sich dafür. Das Halbieren in Längsrichtung verhindert, dass sich die Korken unter den Bienen drehen und sie dann doch ertrinken.

> **Gut zu wissen**
> Für den Bien ist Honig das, was für den Bären der Winterspeck ist. Der Zucker wird als Zuckerwasserlösung verfüttert und muss von den Bienen wie Nektar eingedickt und enzymatisch umgearbeitet (invertiert) werden. Dabei ist das Füttern mit Honig generell problematisch, da unbehandelter Honig die Ansteckungsquelle für Bienenkrankheiten (Faulbrut) sein kann.

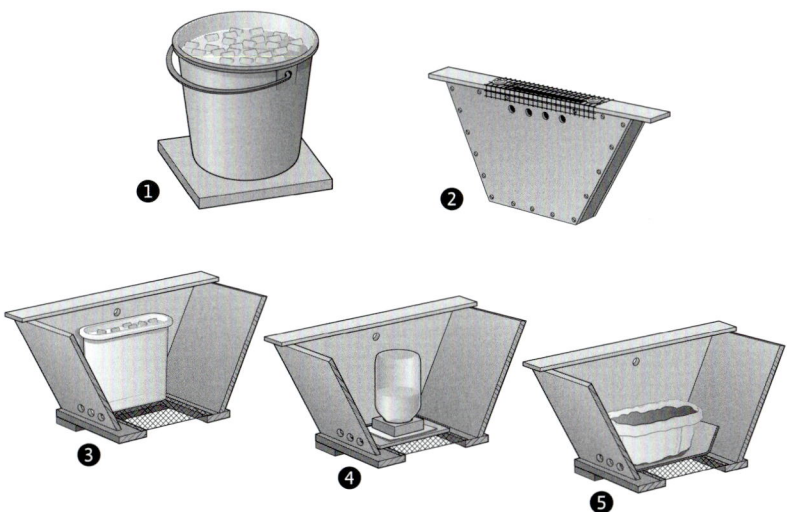

Methoden der Futtergabe.

(1) Futtereimer, wird auf Holzunterlage seitlich zum Volk in die Beute gestellt.
(2) Futterwabe mit seitlichen Zugängen und Drahtabdeckung gegen ungewolltes Abfliegen von Bienen.
(3) Streudose ohne Deckel als schmales Futtergefäß etwa für Ableger.
(4) Umgestülptes Futterglas mit durchlöchertem Schraubdeckel und Futtergestell zum Bienenzugang von unten.
(5) Futterteig, durch Folie gegen Austrocknung geschützt, wird auf einer Pappunterlage in der Beute platziert.

> **Verbundverpackungen**
>
> Zum Füttern von Ablegern oder beim Notfüttern in Frühjahr nah am Bienenvolk werden häufig oben abgeschnittene Verbundkartonverpackungen (Milchtüten) empfohlen. Hiervon ist aber abzuraten, denn die verschiedenen darin verwendeten Materialien können Stoffe wie Weichmacher enthalten, die als gesundheitsgefährdend in die Kritik geraten sind. Außerdem geht die Entwicklung weiter zu neuartigen Oberflächenstrukturen, an denen keine Getränke- und Flüssigkeitsreste mehr anhaften sollen, Stichwort: Nanotechnologie. Ich habe Erfahrungen mit Verpackungen gemacht, bei denen die Bienen keinen Halt mehr fanden und die Behälter trotz Schwimmhilfe nicht mehr verlassen konnten.

Zum Nachfüllen der Futtereimer genügt es oft, nur wenige Oberträger zu entnehmen, und durch den Spalt das Zuckerwasser einzugießen. Dazu kann man einen Eimer mit Quetsch- oder Absperrhahn auf die Beute stellen oder ihn zumindest bis zum vollständigen Leerlaufen schräg nach unten in die geöffnete Lage der Oberträger einklemmen.

Futterplatz

In der Regel müssen zum Füttern 7 der 25 bis 26 Waben der Beute entnommen werden, um Platz für das Futtergefäß zu schaffen. Die Beute fasst 27 Waben, aber um etwas Spielraum zu haben, werden meist nur 26 verwendet.

Außerdem benötigen Sie zwischen Bienen und Futterraum ein Schied, sodass das Volk auf maximal 25, meistens jedoch 22 bis 24 Waben überwintert wird. Durch die Schaffung von ausreichend Platz neben dem Wintersitz kann ein zusätzlicher Oberträger mit Rähmchen und Nassenheider Verdunster für die Varroa-Herbstbehandlung in der Beute bleiben.

Demnach ist die heute empfohlene Überwinterung auf zwei Räumen oder in einem Großraum bei der Oberträgerbeute Standard. Dies könnte ein weiterer Grund für die guten Überwinterungserfolge in der Oberträgerbeute sein.

Futtermenge

Pro besetzte Wabe werden 1,1 kg Zucker benötigt. In der Regel gibt man zwischen 12 und 15 kg Zucker je Volk, lieber etwas mehr, um möglichen kritischen Situationen im Frühjahr vorzubeugen.

Als Standardempfehlung gilt das Verhältnis von 2 Teilen Wasser zu 3 Teilen Zucker. Dabei kommt es häufig vor, dass sich Zucker und Wasser entmischen. Entmischter Zucker setzt sich als fester Bodensatz ab und kann von den Bienen nicht mehr aufgenommen werden. Der Imker muss ihn erneut auflösen. Durch das Entmischen des Zuckers wird, auf die gesamte Zeit gerechnet, von den Bienen weniger Zucker eingelagert, als wenn Sie sofort den Zucker im Verhältnis von 1:1 verfüttert. Bei der Verwendung von Raffinade empfehle ich daher eine 50%ige Zuckerlösung.

> **Gut zu wissen**
>
> Zum Anrühren der Zuckerlösung sollte warmes, aber nicht heißes Wasser verwendet werden. So könnten keine bienenschädliche Stoffe (HMF) entstehen.

Zuckerlösung herstellen

Für das Auflösen von Kristallzucker in kleinen Portionen bietet sich ein 40 kg-Honigeimer an. Füllen Sie fünf Liter warmes Wasser in den Eimer. Wenn Sie sich vorher mit einem Faserstift eine entsprechende Markierung für die Füllhöhe von 5 Litern machen, vereinfachen Sie sich die zukünftige Arbeit um ein Vielfaches. Benötigen Sie mehr Zuckerlösung, lassen sich leicht mehrere Portionen nacheinander herstellen.

Dann schütten Sie fünf 1-Kilo-Pakete Zucker in das Wasser lösen Sie alles durch Umrühren vollständig auf. Durch den großen Eimerdurchmesser kommen Sie mit den Rührstäben des Küchenrührgeräts oder Mixers bis zum Boden, ohne dass das Gerät selbst in die Flüssigkeit eintaucht. Steht kein Strom zur Verfügung, können Sie auch einen Vierkantstab oder einen Auf-und-Ab-Rührer verwenden.

Futterteig

Wollen Sie Futterteig verfüttern, platzieren Sie diesen ebenfalls neben dem Bienenvolk in der Beute. Damit der Teig im Quader nicht am Rand eintrocknet, sollte er nur von oben für die Bienen zugänglich und die anderen fünf Seiten mit Folie bedeckt sein. Oder Sie füllen den Zuckerteig gleich in einen Eimer, wie er auch zum Flüssigfüttern verwendet wird. Beim Einstellen des Eimers in die Beute wird die Oberfläche des Futterteiges einmal mit dem Handzerstäuber angefeuchtet.

Mäusegitter

Mit Ende des Auffütterns werden für gewöhnlich mäusedichte Gitter vor den Fluglöchern angebracht, um die Bienen vor Mäusen, die im Winter in die Bienenbehausungen eindringen zu schützen. Die Gitter müssen unter 6 mm Maschenweite haben, um auch Spitzmäuse abzuhalten. Dabei sind diese eigentlich keine echten Mäuse, sondern kleine Insektenfresser, die nur sehr schlecht klettern können. Andere Mäuse sind akrobatischer, allerdings fällt es auch ihnen schwer in aufgehängte Kästen einzudringen,

Akkurührstab selbstgebaut

Bohren Sie mit einem einfachen Akkubohrer einen stabilen Holzbohrer von mindestens 8 bis 10 mm Durchmesser in einen Drei- oder Vierkantstab von oben hinein. Er verbleibt einfach im Holz und fertig ist der Einfachrührer zum Auflösen von Zucker. Zum Mischen und Rühren von Honig eignet sich diese Einfachkonstruktion allerdings nicht.

Räubersicher

Im Spätsommer müssen Sie zum Auffüttern häufiger an die Völker, wobei die Kästen nur geöffnet werden, um die Futtermenge zu kontrollieren und rechtzeitig die nächste Flüssigfuttergabe zur Verfügung zu stellen. Wegen des in dieser Zeit abnehmenden Trachtangebots und ständig lauernden Wespen ist dann die Gefahr der Räuberei am größten. Zum Schutz davor ist es zwar nicht notwendig, aber doch angenehm, den Futterraum hinter Gitter zu bringen. Dazu werden über dem Futtereimer fünf Oberträger durch eine 17,5 × 44,5 cm große, rund 8 mm starke Platte ersetzt. Aus der Platte wird ein etwa 12 × 25 cm langer Ausschnitt gesägt und von unten mit bienendichtem Gittergewebe bespannt. Beim Öffnen können die Bienen dann nicht nach oben entweichen, aber der der Füllstand ist ohne Weiteres zu erkennen. Eine Taschenlampe, wie sie bei Völkerkontrollen auch zum Erkennen von Brut dient, hilft dabei. Das Wichtigste aber, räubernde Bienen können nicht in den Futterraum, das Flüssigfutter aber lässt sich durch das Gitter direkt in den Futtereimer gießen (siehe Tafel 6, Bild 3).

Arbeiten im Bienenjahr

> **Mein Tipp**
>
> Statt mit Tackerklammern oder Reißbrettstiften können Sie eine Holzleiste wie früher mit kleinen Nägeln anbringen, die nur eine kurze Strecke ins Holz eindringen. Zum Lösen werden diese Holzleisten einfach abgezogen.
> Um die Beuten vor dem Wetter zu schützen, können Sie in gleicher Weise auch im Herbst passende Stücke Dachpappe auf die Stirnseiten aufbringen. Denn durch die einfache Bauart und den geringen Dachüberstand könnte sonst Regen die Beuten mittelfristig schädigen, vor allem, wenn die Beuten nicht durch entsprechende Anstriche geschützt sind.

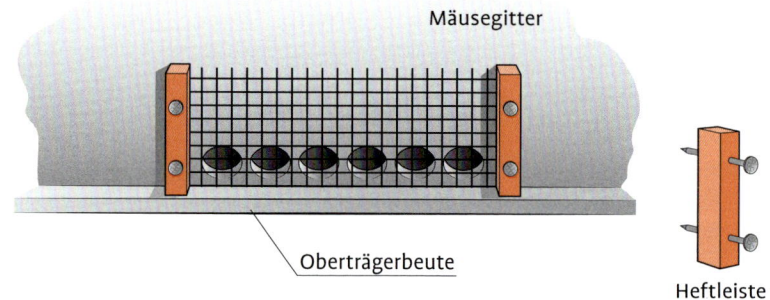

Die Mäusegitter werden im September angebracht und bei der ersten Frühjahrskontrolle wieder entfernt.

sodass hängende Kästen in der Regel auch ohne Mäusegitter ausreichend geschützt sind. Sollten die Oberträgerbeuten direkt auf dem Boden stehen, geht es nicht ohne Mäusegitter.

Wespenschutz – ein Ausfalltor für die Bienen

Besonders schwache Ableger können im Herbst Opfer von Wespen werden. Ein großer Schutz ist hier bereits ein Bodengitter: Die Wespen suchen den offenen Eingang und werden unter den nach Bienenvolk duftenden Gitterboden gelockt, wo sie aber nicht weiterkommen. Lässt man sie gewähren, versuchen sie bald in die Fluglöcher einzudringen.

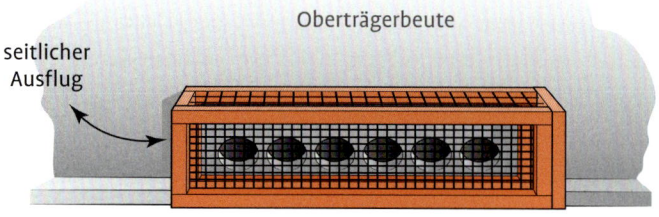

Ein Schutz verhindert den freien Zuflug der Wespen auf das oder die Fluglöcher.

Starke Völker können sich sehr erfolgreich wehren. Es erstaunlich anzusehen, wie rabiat einzelne Bienen eingedrungene Wespen attackieren. Außerhalb des Volkes werden heimkehrende, schwer beladene Sammlerinnen gnadenlos von den Wespen zerlegt.

Soll bei schwachen Ablegern der Belagerungszustand nicht zu Gunsten der Wespen ausgehen, können Sie vor das Flugloch eine Umleitung aus einem bienendichten Gitter anbringen. Die duftgelenkten Wespen fliegen vor das Gitter. Die Bienen suchen den Umweg. Bei starkem Wespenflug sollten Sie auf jeden Fall überzählige Fluglöcher verschließen.

Das Drumherum

Bei der Aufstellung der Völker ist eine klare Orientierung für die Bienen wichtiger als eine ideale Ausrichtung. So geben Sie, wenn Sie die freie Auswahl haben, jedem Volk eher seine Startbahn Nord, Startbahn Süd oder Startbahn Ost und zuletzt eine Startbahn West.

Als Hobbyimker werden Sie genauso stark auf den Schnitt des Grundstücks achten und dafür sorgen, dass der Ausflug möglichst weit über das eigene Grundstück führt und nicht direkt vor Nachbars Haustür. Hecken können Bienen bewusst zu einem steileren An- und Abflug zwingen, aber auch vor neugierigen Blicken und scharfem Wind schützen.

Wenn Sie Ihre Bienen im eigenen Garten aufstellen können, statt in Wald und Flur, hat dies mehrere Vorteile:
- Sie haben sie in der Nähe und es leichter, schnell einmal nach ihnen zu schauen.
- Die Bienen haben im Siedlungsumfeld das ganze Jahr über ausreichende Versorgung mit blühenden Stadtbäumen, Gehölzen und Gartenpflanzen.
- Die Schadstoffbelastung ist in der heutigen Agrarsteppe eher höher als in Siedlungsgebieten.
- Kurzer Rasen um die Beuten bietet Zecken kaum Gelegenheit sich im Gras zu positionieren und damit zur Gefahr für den Imker zu werden.

Der richtige Platz

Platzieren Sie die Bienenstöcke im Halbschatten, zum Beispiel unter Obstbäumen, um eine unkontrollierte Überhitzung zu verhindern. Obstgehölze bieten im Sommer Schatten und lassen im Winter die Sonne durch.

Wenn keine natürlichen Schattenspender und kein Windschutz vorhanden sind, helfen Flechtzäune und Schattendächer. Für meine Beuten habe ich mir Lattenroste als Schattendächer gebaut, die wie Hängematten über den Beuten angebracht werden (siehe Foto 1, Tafel 1). Diese Dächer sind konstruktionsbedingt unempfindlich gegenüber Wind und lassen Regenwasser einfach ablaufen. Um ihre Lebensdauer zu verlängern, nehme ich sie im Winter ab.

Gut zu wissen

Wettermelder! Stürzen die Bienen in wildem Durcheinander zum Flugloch hinein, können Sie in Ruhe den Gartentisch abdecken und Kissen, Decken und Kinder ins Trockene bringen. In 20 Minuten wird ein Regenschauer folgen. Das ist ein echter Mehrwert durch Bienen im Garten.

Flagge zeigen

Wenn Sie Bienen in eng besiedelten Gebieten halten, gehört es dazu, alles zu tun, um Ärger mit den Mitmenschen zu vermeiden. Kürzlich gab es in einer Bienenzeitschrift einen Erfahrungsbericht zur Bienenhaltung in Afrika. Darin wurde empfohlen, bei aggressiven Bienen in der Nähe des Flugloches ein Windspiel aufzuhängen. Die Bienen sollen sich so daran gewöhnen, Bewegungen in Fluglochnähe zu tolerieren.

Sie können auch eine Windfahne mit Wimpel, eine sogenannte Balifahne, direkt im Anflugbereich der Bienen aufstellen, die aber nur wie gewollt wirkt, wenn sie dauerhaft und frühzeitig plaziert wird. Denn nur friedliche Bienen erhalten friedliche Nachbarn.

Arten der Aufstellung

Für die Oberträgerbeute gibt es dazu verschiedene Möglichkeiten, die alle funktionieren. Die Beuten können auf Böcke gestellt werden oder Sie schrauben Standbeine direkt an die Beute. Die beste Art der Platzierung ist jedoch die ungewöhnlichste: Die Beuten werden wie eine Hängematte mit Draht zwischen zwei Pfählen oder unter einem Baum aufgehängt (siehe Foto 1, Tafel 1). Diese Pfähle lassen sich leicht transportieren, da sie kaum Platz im Fahrzeug wegnehmen. Außerdem brauchen Beuten ohne angeschraubte Standbeine weniger Platz beim Transportieren oder Lagern.

Die Beuten sollten horizontal hängen. Hierzu braucht man zwar nicht unbedingt eine Wasserwaage, aber da solche im Baumarkt kaum noch etwas kosten, habe ich immer eine dabei. Damit spare ich mir viel Lauferei um die Beuten, um aus dem nötigen Abstand zu bewerten, ob die Kästen einigermaßen im Lot hängen.

Hauptsache gut verdrahtet
- Die Beuten sind besonders leicht auszurichten.
- Die richtige Bearbeitungshöhe lässt sich leicht einstellen.
- Böcke oder aufwendige Unterlagen entfallen.
- Die Beuten können bei Stößen oder Windböen zur Seite schwingen, ohne beschädigt zu werden.
- Beute und Bienen sind Bodenfrost weniger ausgesetzt. Selbst ein kleines Hochwasser ist unschädlich.
- Schädlinge wie Ameisen und Mäuse können besser abgehalten werden.
- Es wird nur sehr wenig Bodenfläche verdeckt.
- Gras oder Aufwuchs unter der Beute können mit dem Rasenmäher oder Fadenmäher leicht geschnitten werden, da man mit den Geräten unter die Beuten fahren kann (siehe Foto 3, Tafel 1).
- Transporthilfsmittel wie Schubkarren können direkt unter die Beuten gefahren werden.
- Bestehende Zaunpfähle und Bäume können zum Aufhängen mitgenutzt werden.
- Bei schlechtem Wetter kann man offene Behälter und Werkzeug regensicher unter der Beute abstellen.

Pfähle setzen
Voraussetzungen dafür, dass die Beute stabil hängt, sind groß genug dimensionierte Pfähle und ausreichend tiefes Setzen in den Boden. Gut geeignet sind Weidezaunpfähle aus Eiche. Sie sind stabil, langlebig und spalten sich nicht beim Einschlagen. Muss man mit Baumpfählen aus dem Baumarkt zurechtkommen, kann es passieren, dass sie beim ersten starken Regen nachgeben und die Beuten zu Boden gleiten. Es lohnt sich also, hier etwas mehr zu investieren.

Setzen Sie von Beginn an die Pfähle so weit auseinander, wie es die normalgroße Beute erfordert. Ableger können in eine große Drahtschlaufe eingehängt werden, Sie müssen die Pfähle dazu nicht umsetzen oder enger stellen. Damit die Beuten nicht anschlagen und schwingen können, sollte jeweils links und rechts zwischen den Stirnwänden ein

---

Gut zu wissen
Auf stark reflektierenden, nicht abgeschatteten Blechdächern landen Bienen auch schon mal auf dem Rücken und kommen allein nicht mehr weg. Hier hilft die Abschattung im Kleinen.

Tipp
Achten Sie bei jeder Aufstellungsart auf die richtige Arbeitshöhe. So vermeiden Sie ständiges Bücken oder Heben bei der Arbeit mit den Bienen.

Tipp
An einem der Pfähle können Sie einen Sonnenschirm festmachen und dann auch bei brennender Sonne oder Regen an den Bienen arbeiten.

> **Gut zu wissen**
> Denken Sie beim Erneuern der Pfähle daran, die Fluglöcher des entsprechenden Volkes und der anderen in unmittelbarer Nähe vor Beginn des Bienenfluges am frühen Morgen oder am Abend vorher zu verschließen. Die Erschütterungen bei der Arbeit würden die Bienen irritieren.

Abstand von rund 10 cm zu den Pfählen eingehalten werden. Zur besseren Stabilisierung können Sie unten in Zugrichtung Lattenstücke am Pfahl vorbei in die Erde rammen. Da die Latten aber leicht verrotten, sollten sie immer rechtzeitig ausgetauscht werden.

Zum Setzen der Pfosten eignen sich spezielle Pfahlrammen, doch solche mit entsprechenden Querschnitten für dicke Pfähle sind kaum im Gartenbedarf zu bekommen. Meist muss man sie selbst aus Metallrohren zusammenschweißen. Deutlich erleichtern im Handel erhältliche Handbagger oder Erdbohrer das Setzen der Pfähle.

Der richtige Dreh

Zur Aufhängung und als Beschläge wie beispielsweise Dachbefestigungen, Verschlüsse und Ähnliches dient Draht. Damit er nicht bricht oder sich an Verbindungsstellen aufzieht, sind die folgende Punkte zu beachten, so wie sie im Übrigen auch beim Stellen von Elektroweidezäunen gelten.

- Auf jeden Fall sollte verhindert werden, dass sich sogenannte Augen, also Schlingen im Draht bilden. Denn wenn Zug auf eine offene Schlinge kommt, wird der Draht in der Rundung brechen, auch wenn man das Auge erstmal wieder begradigt hatte. Deshalb ist es immer sicherer, den Draht nicht um sich selbst, sondern um etwas anders zu wickeln, damit er sich nicht selbst zuziehen kann.
- Um zwei Drahtstücke zu verbinden, reicht es nicht, das lose Ende um den belasteten Draht zu wickeln. Eine solche Verbindung hält keinen starken Zug aus. Richtig ist es, beide Enden umeinander zu rödeln, also zu verdrehen. Dies ist aber nur möglich, wenn keiner der Drähte unter Belastung steht. In dem Fall wird das Drahtende als Schlaufe doppelt von außen nach innen um den gespannten Draht gewickelt.

> **Gut zu wissen**
> Eine belastbare Verbindung zweier Drähte erhalten Sie, wenn Sie zuerst aus jedem Drahtende eine Schlinge bilden und diese dann ineinandergreifen zu lassen.

Höhenverstellbarkeit leicht gemacht

Dadurch, dass die Beute an zwei Seiten aufgehängt ist, kann sie abwechselnd stückweise etwas höher oder niedriger gehängt werden. Sie brauchen dazu nichts weiter als ein paar Haken mehr, die Sie an der Innenseite des Pfahles auf verschiedenen Höhen eindrehen. Eine andere

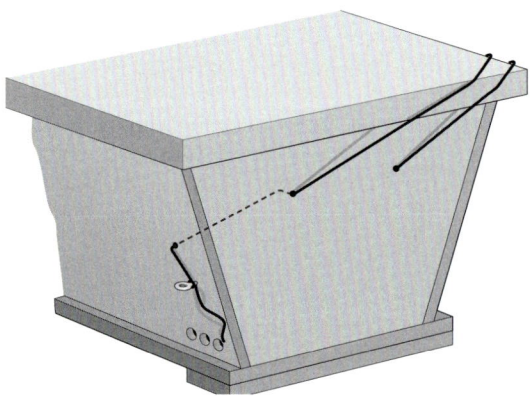

Befestigung an und Führung des Haltedrahts innerhalb der Beute.

Möglichkeit ist es, an jeder Seite nur je einen Haken und eine Kette mit Drahtöse oder Karabinerhaken verwenden. Damit können Sie die Beute stufenlos in jeder Höhe in der Kette einhängen.

An der Beute selbst ist hilfreich, schon von Anfang an eine zweite, kürzere Halteschlaufe anzubringen (siehe Foto 3, Tafel 1). Dann kann die Beute einfach weiter oben oder unten in das Paar gegenüberliegender Haken an den Pfählen umgehängt werden.

Beute vorübergehend abstellen
Soll die besetzte Beute nur gehalten werden, um zum Beispiel die Tragdrähte oder Pfähle zu erneuern oder sie auf einer Personenwaage zu wiegen, können Sie zum Beispiel zwei Getränkekästen unter die Beute stellen oder Gartenstühle unter jede Ecke.

Oder Sie stellen die Möbel vor und hinter der Beute auf und bilden unter der Beute eine Brücke, auf der sie aufliegen kann, indem Sie Besenstiele oder Gartengeräte mit langen Stielen parallel auf die Gartenmöbel legen.

Bienentränke

Jede kennt die Western mit den Sprüchen: „Erst die Pferde!" Trotzdem wird es häufig unterschätzt, dass auch Bienen neben Futter auch Wasser benötigen. Bienen sind dabei genügsam und können auch Tau und Guttationstropfen in den frühen Morgenstunden von Pflanzen und Gräsern sammeln. Guttation ist die aktive Ausscheidung von Flüssigkeitstropfen, wenn den Pflanzen keine andere Wasserabgabe durch Verdunstung in der Nacht oder in gesättigter Luftfeuchtigkeit möglich ist.

Nun wünschen wir uns alle, dass Bienen nur sauberes Wasser sammeln, das mit der Produktion des natürlichen Lebensmittels Honig zusammenpasst. Leider sind Bienen in dieser Hinsicht nicht sehr wählerisch. Erste Wahl sind Wasserstellen, die in der Nähe liegen, bereits ab dem Frühjahr dauerhaft zur Verfügung stehen und vielleicht auch einen erhöhten Gehalt an Mineralsalzen besitzen.

Bienen verlieren sich bei der Suche nach Nektar und Honigtau rasch in der Umgebung. Bei der Wassersuche können sie sich jedoch an einer geeigneten Stelle in größerer Menge einfinden. Damit dies nicht das Planschbecken im Nachbargarten ist, sollte das Angebot, wie folgende Beispiele zeigen, dementsprechend verlockend sein. Wenn die Bienen sich an eine Tränke gewöhnt haben, wird sie in der Regel auch weiter benutzt.

- Tränke im Bienenkasten. Dies ist sehr aufwendig und im Sommer ist im Innenraum der Beute dazu einfach kein Platz.
- Einrichtung einer Tränke, die sich harmonisch und unauffällig in den Garten einpasst und besonders attraktiv für Bienen ist. Bei einfachen Tränken wie etwa Kükentränken können Sie durch die Gabe einer leichten Zuckerlösung im Frühjahr die Attraktivität erhöhen.
- Eine andere Möglichkeit ist eine Zinkwanne mit Wasserpflanzen, wie sie in vielen Gärten als Teil der Gartengestaltung stehen. Bei einer Zinkwanne sollten Steine und Pflanzen, die Wanne soweit füllen, dass größere Tiere die Wanne immer wieder verlassen können.

Kleine Bienen-Marktanalyse
Eine einfache Vergleichsbeobachtung in meinem Garten zeigte folgendes Ergebnis:
Eine offene Wanne oder ein Gartentümpel mit Wasserpflanzen wurden gegenüber einer vermeintlich hygienischen und sicheren Flaschentränke aus dem Imkereifachhandel eindeutig bevorzugt. Ich habe dem Wettbewerbsdruck nachgegeben.

Wo Wasser ist, da sind auch Mücken

Bei Wasserstellen im Garten kann es notwendig sein, die Stechmücken zu bekämpfen. Zwar verbessern auch Mückenlarven die Wasserqualität, doch sie können unsere Lebensqualität im Garten deutlich verschlechtern.

Eine umweltbewusste Bekämpfung ist mit *Bacillus thuringiniensis israelensis* möglich, welches es in speziellen Präparaten gibt. Diese sogenannten BT-Präparate werden vielfach im ökologischen Landbau, der ökologischen und der konventionellen Imkerei angewendet. Ihre Wirkung beruht darauf, dass das Bakterium seinen Wirt über den Darm angreift, indem es diesen schädigt.

Dabei gibt es bei *Bacillus thuringiensis* unterschiedliche Stämme, die auf verschiedene Insekten spezialisiert sind. Bei BT *israelensis* (in Präparaten wie Biomükk, Culinex, Neudomück) sind es die Stechmücken, andere Produkte werden in der Imkerei zur Bekämpfung von Wachsmotten benutzt, ohne dass die Bienen dabei Schaden erleiden.

Geräte

Eigentlich war es bei der Imkerei mit der Oberträgerbeute als Instrument für die Entwicklungshilfe das Ziel, mit sehr wenigen, vor allem aber ohne spezielle Werkzeuge auszukommen. Ein stabiles Messer könnte zur Bearbeitung genügen. Trotzdem geht es anders besser. Daher sind für wenige spezielle Werkzeuge und Zubehör, etwa einem einfachen Bienenhut mit Schleier oder einem Smoker Bauanleitungen für die Entwicklungshilfe im Internet abzurufen.

Für Hobbybienenhalter in Europa stellt sich die Frage anders. Welche Werkzeuge sind geeignet, preisgünstig und leicht zu beziehen? Kleinteile, Schutzbekleidung und Ähnliches sind ohne Probleme über das Internet oder per Katalogbestellung erhältlich. Spezielle Imkerwerkzeuge für die Oberträgerbeute vermisse ich selbst keine. Es gibt zwar im Internet extralange Stockmeißel und zum Beispiel einen Wabentrenner im extralangen Hebelarm, entwickelt aus einem modifizierten Golfschläger. Sie sind aber weder notwendig noch vorteilhaft.

Stockmeißel

Für die Standardbearbeitung genügt ein ordentlicher Stockmeißel. Die klassische deutsche Ausführung mit einer scharfen Klinge nach vorne und einer gekrümmten zum Kratzen und Schaben am anderen Ende eignet sich zum Hebeln und Trennen von Waben, Aus- und Sauberkratzen von Beuten und Bodenbrettern (Varroawindeln), Durchtrennen von Wachsbrücken, Aufstechen von Weiselzellen, Teilen von Futterteig und der Oberträgerpflege durch Abschaben von seitlichem Kittharz.

Fugenkratzer

Zur Trennung der Wachsbrücken zwischen Wand und Wabe eignet sich ein Fugenkratzer aus dem Gartenbedarf besonders gut. Dieser besitzt eine hakenförmige Zugklinge. Sie wird von unten angesetzt und Sie können durch Ziehen nach oben, nah an der Wand entlang die Wabe schonend von der Wand trennen, ohne ihre Stabilität zu gefährden.

Gut zu wissen

Da ein Stockmeißel im Gras wenig auffällt, ist er meist rot lackiert. Gut gemeint, dennoch eine schlechte Farbwahl, denn bekanntermaßen leiden viele Männer unter einer Rot-Grün-Sehschwäche. Meinen Stockmeißel habe ich gelb umgespritzt. Auch blau wäre möglich, außer Sie haben eine Blau-Gelb-Sehschwäche, die in der Häufigkeit an zweiter Stelle steht.

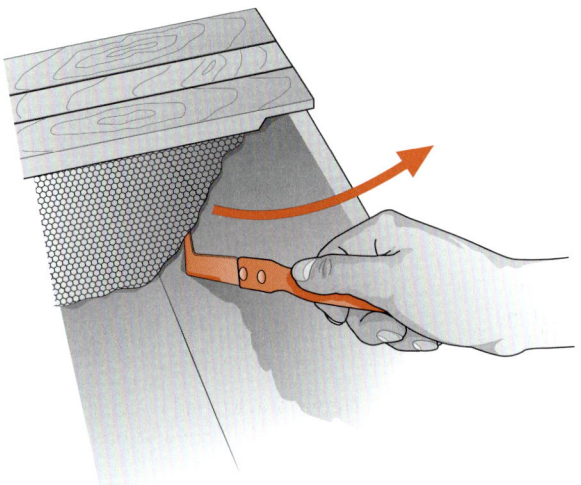

Mit einem Fugenkratzer lassen sich gut kleine Wachsbrücken entfernen. Damit entsteht kein Druck senkrecht oder schräg nach unten, wie dies beim Durchstoßen mit dem Stockmeißel passiert. Junge Waben kann dies beschädigen. Mehrfach entnommene Waben haben in der Regel einen von Wachsbrücken freien, glatten Rand.

Für Randwaben oder Waben, die miteinander verbaut worden sind, eignet sich auch ein einfaches Metallsägeblatt, das zur besseren Handhabung an einem Ende etwa 5 cm rechtwinkelig zur Seite abgeknickt wurde.

Smoker

Übliche Rauchmaterialien für den Smoker wie Bienentabak, Grüncobs, also Presslinge aus Grünschnitt oder Olivenpressrückständen, sind über den Imkerhandel erhältlich. Da Bienentabak relativ teuer ist und es sich selten lohnt, nur deshalb eine Versandbestellung auszulösen, stehen noch immer selbst hergestellte Rauchmaterialien hoch im Kurs.

Typisch ist es, als für das Rauchmaterial altes, morsches Holz oder Rainfarn und Scharfgarbe zu sammeln und zu trocknen. Dem typischen Oberträgerbeutenimker in reinen Wohngebieten fehlen hierfür aber meist die Möglichkeiten. Auch ist es nicht mehr zeitgemäß, einfach ins Grüne ziehen und dort zu pflücken und sammeln, was man gerade braucht.

Dabei sind gute Rauchzutaten in unseren oft mediterran beeinflussten Gärten und Geschäften leicht zu bekommen. Der Klimawandel trägt sein Übriges dazu bei und lässt solche Pflanzen bei uns gedeihen.

Das Zauberkraut heißt Lavendel. Er wird in Südeuropa traditionell als Rauchmaterial verwendet und wächst auch bei uns reichlich. Die Blütenstände werden nach dem Abblühen geschnitten. Lavendel kann pur oder auch gemischt mit anderen Rauchmaterialien verwendet werden. Er lässt sich leicht entzünden und durch die lockere Struktur der Stängel geht der Smoker selten aus.

Spacer

Kittharz, Schiede, Dickwaben und auch mal ein Sicherungsdraht für eine angeknickte Wabe sorgen dafür, dass es selten aufgeht, die Oberfläche der Beute genau mit einer passenden Anzahl an Oberträgern bienendicht

Mein Tipp
Fertigen Sie sich einen Korken an, der mit einem Draht direkt am Smoker hängt und dazu dient, ihn zu stopfen. Sonst kann ein Smoker leicht einen ganzen Lagerraum in eine Räucherkammer verwandeln. Wenn Sie empfindlich gegenüber Rauch sind, können Sie noch eine zweite Korkscheibe für den Lufteinlass verwenden. Oder Sie machen es wie die Berufsimker, die aus Brandschutzgründen ihre Smoker gleich ganz in einer passenden Blechkiste (Teedose) verstauen.

> **Mein Rezept für eine Lavendel-Rauchmischung**
>
> Duft statt beißendem Qualm: Um das Lavendelkraut zu strecken, benutzte ich Kleintiereinstreu, meist aus Stroh, grobe Späne gehen auch, und 1-Euro-große Eierkartonschnipsel. Für die Mischung werden die Bestandteile aus
> ¼ Lavendel
> ¼ Eierkarton
> ½ Kleintierstreu
> in einen Eimer gegeben und dann von oben mit einer Heckenschere kleingehäckselt, bis die Stücke etwa so lang wie Streichhölzer sind. Die Mischung kann direkt ohne weiteres Zündmaterial im Smoker mit einem Handgasbrenner angesteckt werden.

> **Gegen den Blow-Up-Effekt im Winter**
> Im Winter besteht leicht die Gefahr, dass sich die Oberträger unter Luftfeuchtigkeit ausdehnen. Der Spacer (Randleiste) sorgt dafür, dass sich die Oberträger ausdehnen können, ohne sich nach oben vom Kastenrand weg zu drücken.

abzuschließen. Deshalb bin ich davon abgekommen, feste Stirnleisten oder erhöhte Stirnseiten als Abschluss für die Oberträger zu nutzen.

Abstände zwischen den Oberträgern versuchen die Bienen mit Kittharz abzudichten. Neben der Arbeitserschwernis durch unpassende Abstände entsteht auch schnell Durchzug an den Spalten zwischen Oberträgern und dem offenen Drahtgitterboden. Hier kann die Wärme kaminartig abziehen, was zur Unterkühlung der Bienenbrut führen kann. Das Ausgleichen der Abstände mit Leisten oder passenden Stäbchen ist möglich, aber müßig.

Seit Jahren verwende ich deshalb als Randleisten spezielle selbst gestaltete Spacer (Abstandsleisten) mit einem L-Profil. Ein solcher Spacer hat eine 5 mm starke Kante, die als Mindestabstand den Bienenabstand von der nächsten Wabe gewährleistet. Die Deckleiste misst oben 20 mm.

Der seitliche Spacer kann nach Bedarf ganz oder teilweise über die Stirnwand reichen. So lässt sich ein Spalt von 5 bis 25 mm am Rand variabel schließen und stellt den Bienenabstand zur Außenwand als Mindestabstand sicher. Ergibt sich ein größerer Abstand von etwa 30 mm, kann man auch diesen mit zwei dieser Spacer dicht abschließen.

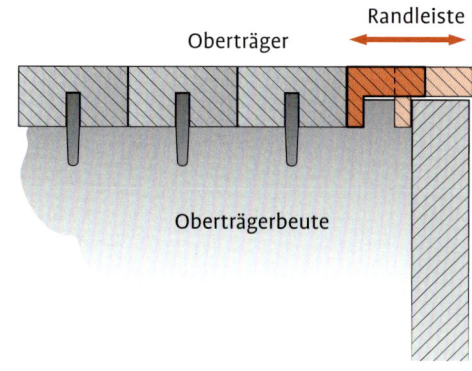

Durch die L-förmige Randleiste lassen sich kleine Unterschiede in der Oberträgerbreite zum Beispiel durch Kittharz, Schiede, Dickwaben oder anderes zum Rand hin ausgleichen.

Standortwechsel und neues Einfliegen

Die meisten Imker haben Probleme, viele Völker über weite Strecken zu transportieren, nicht jedoch die meisten Oberträgerimker. Halten Sie wenige Völker im Garten, haben Sie eher das Problem, nur ein oder zwei Völker innerhalb des Gartens zu verstellen, denn die Bienen bleiben dabei im Inneren ihres Flugkreises.

Dies ist der Bereich, in dem sich die Bienen erinnern können, wo sich ihr Stock, auf den sie sich eingeflogen haben, befindet. Würde man die Völker nur um wenige bis einige hundert Meter verstellen, kämen die Flugbienen immer wieder zu diesem für sie richtigen Standort zurück. Ziel ist es deshalb, die Bienen dazu zu bringen, sich neu einzufliegen. Dabei verlassen sie das Volk in immer weiter reichenden Kreisen und prägen sich den neuen den Standort ein. Das sich Einfliegen findet natürlicherweise nach fünf Ereignissen statt:

1. **Beim Übergang in der Entwicklung von der Stockbiene zur Flugbiene.** Gemäß der Arbeitsteilung im Bienenvolk übernehmen Bienen erst Aufgaben in der Brutpflege und Innenarbeiten, bevor Sie als Wächterbienen und dann als Sammlerin dem Volk dienen. Erst kurz vor diesem Aufgabenwechsel findet das Einfliegen auf den Stock statt.
2. **Nach dem Schwärmen.** Dabei verlieren die Bienen ihre Stockorientierung. Dieses Phänomen gehört zum Trennungsprozess von Muttervolk und Schwarm und ist auch beim Kunstschwarm zu beobachten.
3. **Nach längeren Zeiten ohne Flug.** Dann vergessen die Bienen ebenfalls die Orientierung und fliegen sich neu ein. An den ersten warmen Tagen des Jahres findet dies mit den Reinigungsflügen im Frühjahr statt. Dabei entleeren die Bienen ihre Kotblase, denn um den Wintersitz nicht zu verschmutzen, koten sie den ganzen Winter durch nicht ab.
4. **Bei neuen oder stark veränderten Fluglöchern.** Öffnet man ein zusätzliches Flugloch an der Oberträgerbeute, zum Beispiel ein Deckel- oder ein entferntes Flugloch, fliegen sich Wächterbienen auf dieses neue Flugloch ein.
5. **Nach Naturkatastrophen.** Etwa durch Vulkanausbrüche, Erdbeben, Bergrutsche oder Waldbrände könnten sich die geografischen Anhaltspunkte so verschoben haben, dass eine Neuorientierung notwendig würde. Die Bienen passen sich dann an und fliegen sich auf den neuen Standort ein. In der Natur wird es jedoch äußerst selten vorkommen, dass sich das Nest plötzlich außerhalb des bekannten Flugkreises befindet.

Mit der Standortprägung manipulieren

Während die ersten beiden der oben genannten Punkte bei der Bildung von Ablegern eine Rolle spielen, können der zweite und der dritte Punkt für das Umstellen der Bienen genutzt werden. Der fünfte Punkt wird bei der Bildung von Brutablegern über einen zweiten Standort genutzt.

Dabei ist es notwendig, sich außerhalb des Flugkreises, das heißt etwa 4 bis 6 km vom alten Standort zu entfernen. Die Völker sollten bis zum Tod der am alten Standort eingeflogenen Flugbienen dort behalten werden, denn diese werden die Erinnerung an den ursprünglichen Platz behalten, auch wenn sie sich zusätzlich am neuen Standort eingeflogen haben.

Wegen dieses notwendigen zweiten Standortes für den Brutableger, der sich für Imker mit sehr wenigen Völkern weder vom Unterhalts- noch vom Fahraufwand lohnt, ist es besser auf Methoden zurückzugreifen, die auch innerhalb des Flugkreises funktionieren. Diese beruhen auf den oben genannten Punkten 3 und 4 und der Tatsache, dass die Flugbienen auf der Suche nach ihrem Volk eine gewisse räumliche Toleranz um das Flugloch einrechnen. Das heißt, sie suchen nicht punktgenau, sondern werden in der Feinabstimmung durch ein Duftleitsystem von den sterzelnden Bienen am Stock unterstützt. Die sterzelnden Bienen krallen sich am Flugloch fest, heben den Hinterleib, schieben die Rückenschuppen auseinander und verteilen durch Flügelbewegungen ihren Duft in der Umgebung.

Eine Winterreise
Am einfachsten ist es, das Verstellen der Völker über die kalte Jahreszeit zu planen und zum Ende des Winters durchzuführen. Die Beuten werden nach mindestens 21 Tagen ohne Bienenflug und bei Außentemperaturen von 5 bis 10 °C an den neuen Standort verstellt. Das war`s schon.

Rück mal ein Stück!
Die andere, langsamere Möglichkeit besteht darin, die Bienen etappenweise zu verstellen. Dabei werden sie an jedem Flugtag ein kleines Stück weiter an die neue Heimat gerückt. Dies gelingt am besten, wenn es sich nur um wenige Bienenvölker handelt, die in unterschiedlichen Flugrichtungen ausgerichtet sind. Und diese Methode sollte auch entsprechend funktionieren, wenn es darum geht, die Ausflugrichtung der Beute zu ändern.

Achtung Notausstieg!
Die folgende Methode schließlich beruht auf der Veränderung des Fluglochs. Bei der Oberträgerbeute setzen Sie dazu einfach eine Blende davor. Sie kann zum Beispiel auf einem oder zwei Fluglochstopfen befestigt werden und ist damit leicht und variabel zu handhaben.

Bringen Sie dazu Brettchen mit den veränderten Fluglöchern im Abstand von wenigen Zentimetern parallel zur Seiten- oder Stirnwand vor dem Ausflug an. So sind die Bienen gezwungen, die Beute nicht auf dem geraden Weg, sondern mit einem kleinen Umweg zu verlassen. Danach fliegen sie sich neu ein. Eine passende farbige Gestaltung der Blende hilft den Bienen dabei.

Völkerwanderung
Möchten Sie längere Strecken mit der Oberträgerbeute wandern, dann sollten Sie dies tun, wenn sich möglichst wenig Futter oder Honig im Volk befindet. Damit verhindern Sie Wabenabrisse und die Beute ist vom Gewicht her leichter. Also sind Wanderungen im Frühjahr und nach der Honigernte angebracht.

Gut zu wissen
Sie können sich die etappenweise Umstellung dadurch vereinfachen, indem Sie die Bienenkästen für die Dauer des Umzuges auf einer mobile Unterlage platzieren. Das kann ein Traggestell, ein Bollerwagen, eine Hand- oder Sackkarre sein.

Durch die flache und kompakte Form lassen sich die Beuten gut im Kofferraum oder Kombi transportieren. Beachten Sie aber dabei, dass sich die Beuten im geschlossenen Fahrzeug oder in der prallen Sonne leicht über Gebühr erhitzen können. Daher bieten sich idealerweise die frühen Morgenstunden für eine Wanderung an. Das Flugloch sollte, wenn möglich, bereits am Vorabend verschlossen werden, denn Bienen sind echte Frühaufsteher und im Morgengrauen doch eher gereizt.

Durch das Fixieren der Dämmplatte mit einem Spanngurt brauchen Sie nicht zu befürchten, dass die Bienen die Beute während der Reise ungewollt verlassen. Der Blechdeckel kann als Unterlage im Auto dienen. Die Belüftung ist normalerweise auch kein Problem, da die Oberträgerbeuten im Allgemeinen mit einem Bodengitter ausgestattet sind.

Tipps und Tricks für den Beutentransport
Wenn Sie die Bienen alleine transportieren müssen, prüfen Sie vorher, ob Sie mit dem Wagen oder Anhänger direkt an die Bienen heranfahren können. Eine kurze Entfernung überwinden Sie noch leicht mit ein paar Gartenstühlen als Bock für Kanthölzer, auf denen Sie die Beuten in das oder aus dem Fahrzeug schieben können.

Transporthilfen
Sonst fahren Sie die Beuten per Schubkarre. Die Waben sollten dabei mit ihrer Längsseite in Fahrtrichtung zeigen. Da eine Schubkarre nur ein Rad besitzt, kann die Beute stets seitlich gerade gehalten, während sie beim Abstellen, bei Bergauf- oder -abfahrt in Wabenrichtung gekippt werden kann, ohne dass Sie gleich Wabenbruch befürchten müssen.

Leider neigen Schubkarren in holprigem Gelände zum Springen. Deshalb müssen Karre und Beute mit Gurten fest miteinander verbunden werden. Zudem ist der Oberträger in der Regel so breit, ausgenommen bei Ablegern, die einfach in die Transportmulde der Schubkarre gestellt werden, dass die Beuten auch mit den Seitenrändern der Transportmulde aufliegen.

Um die Schläge beim Rollen zu minimieren, können Sie die Ränder der Transportmulde mit einer längs aufgeschnittenen Rohrisolierung polstern.

Eine Standardschubkarre benötigt viel Platz im Fahrzeug, schlecht, wenn Sie nur mit einem Pkw wandern. Hier kann eine Faltschubkarre die Lösung sein. Sie haben aber meist ein kleines Rad und die Last kann nicht oberhalb des Rades, sondern muss auf den Schubholmen positioniert werden. Damit wird es etwas schwerer, das Ganze zu bewegen.

Damit die Beute nicht nach vorne wegrutscht, sollten Sie eine Halterung anbringen, die sie am Platz hält. Hierzu können Sie beispielsweise zwei Sattelstützenträger verwenden, wie sie als Gepäckträger für Mountainbikes angeboten werden. Die Träger werden mit der Gepäckauflageseite nach vorne auf den Holmen angebracht. Die Beuten rutschen dann nicht nach vorne und die Schubkarre kann hinten weit genug angehoben werden, um mit ihr zu fahren. Die Schubkarre mitsamt Holmen lässt sich rückwärts sogar in ein Kombifahrzeug schieben. Die Holme dienen dabei als Hebel und die Arbeit ist alleine zu schaffen.

> **Gut zu wissen**
> Wenn möglich, sollten die Bienen zwei bis drei Tage vor einer Ortsveränderung nicht geöffnet werden. So ist sichergestellt, dass sie alle beweglichen Teile der Beute wie Oberträger, Spacer, Schiede mit Kittharz verkittet haben. Eine weitere Fixierung ist dann nicht nötig.

> **Tipp**
> Falls Sie durch hohes Gras fahren müssen, können Sie direkt hinter dem Laufrad mit einer Leiste ein am besten weißes Tuch wie ein Rahsegel als „Zeckenfang" befestigen. So kommen die ungeliebten Tierchen nicht gleich auf Ihre Beine. Beim Rückwärtsfahren müssen Sie das Tuch allerdings abnehmen.

Mein Tipp

Tragen Sie Ihre Oberträgerbeute. Denn Tragen und Sänften waren lang die angenehmsten und geländegängisten Transportmittel – nicht nur in Afrika.
Falls Sie allein sind, versuchen Sie Waben lieber umzuhängen sowie bienenfreie Waben gleich abzuschneiden und in bienendichten Eimern nach Hause zu transportieren.

Brauchen Sie aber eine zweite Person, sehen Sie dies nicht als Erniedrigung an, sondern als eine wunderbare Gelegenheit, Fremde an die Bienen heranzuführen und über den guten Anlass soziale Kontakte zu knüpfen.

Tragehilfen

Im besten Fall tragen Sie Oberträgerbeuten zu zweit. Ein oder zwei Meter weit kann man die Beute einfach am Griff oder unter dem Boden greifen. Für längere Strecken gibt es mehrere Optionen. Sie können eine stabile Stange durch die Aufhängedrähte führen und die Beute hängend tragen, indem Sie sich die Stangenenden auf die Schultern legen, einer vorn und einer hinten. Der hintere Träger muss dafür sorgen, dass die Beute weder dem Vordermann in den Rücken rutscht, indem der sie am Handgriff festhält, oder dass sie nach hinten rutscht, indem er sie abstützt.

Einfacher ist es, die Beute mit zwei Holmen zu tragen, die auch seitlich fest an der Beute angebracht werden können. Oder Sie bauen eine Beutensänfte aus zwei seitlichen Stangen und einer mittleren Auflage aus Kaninchendraht. Dies ist nicht sehr schwierig und eine solche Trage benötigt wenig Platz. Außerdem passt sie mit ihrer langgestreckten, niedrigen Bauform gut zur Oberträgerbeute.

Die Holme selbst lassen sich zusätzlich dafür nutzen, ein Vordach zu befestigen. Dann verwittern sie auch nicht so schnell. Durch diese Doppelfunktion eignen sich fest angebrachte Holme vor allem für den Betrieb der Beuten im Warmbau. Wegen der Länge der Beute mit Vordach sollte

Eine Wanderveranda verhindert eine Überhitzung beim Transport besonders effektiv, weil Bienen die Beute verlassen können, um sich abzukühlen.

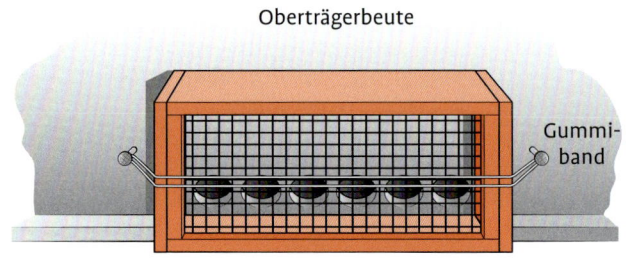

Oberträgerbeute

Gummiband

Wanderveranda

dann ein anderes Dachmaterial als Blech verwendet werden, etwa ein Bitumwelldach, das knapp über sie hinausragt. Es ist werkseitig länger und auch preisgünstiger.

Wanderveranda

Sind die Beuten aus irgendeinem Grund nicht mit einem Drahtgitterboden ausgestattet, sollten Sie einen ansetzbaren, bienendichten Rahmen mit ausreichend Drahtgittergewebe basteln, um ihn vor den geöffneten Fluglöcher anzubringen. Dann können die Bienen die Beute verlassen und sich vor den Fluglöchern sammeln.

Abnehmbare Bienenveranden wurden von Schundau (1983) zum Wandern beschrieben und manche Magazine wie etwa die Hohenheimer Wanderbeute, manche Dadant-Wanderbeuten sowie Lagerbeuten, sind in ihrer klassischen Bauweise mit fixen Wandernischen ausgestattet, die auf die gleiche Weise wirken.

Die Rettungskapsel

Muss man einen Standort trotz wechselhaftem Wetter auflösen, kann es sein, dass einige Flugbienen noch nicht nach Hause gekommen sind, sondern irgendwo ausharren, um bei passender Gelegenheit zurückzufliegen. Finden diese Arbeiterinnen ihr Volk nicht wieder, bleiben sie trotzdem in der Nähe. Von der Sammeltätigkeit befreit, leben sie noch erstaunlich lange.

Vielleicht betrachten die Bienen auch das Auflösen als ein Gewaltverbrechen an ihrem Volk, suchen dann einen Schuldigen und sind angriffslustig. Damit sie weder das Verhältnis zur Nachbarschaft verschlechtern, noch als Vogelfutter enden, sollte man ihnen eine Rettungskapsel bieten, um sie später einzusammeln.

Am besten eignet sich dazu ein Ableger, der am Standplatz verbleibt. Hier können sich die Flugbienen einbetten und den Ableger verstärken. Alternativ kann eine Kapsel mit künstlichem Königinnenpheromon dienen, etwa eine Schwarmfalle oder ein farbiger Eimer mit Deckel, in die oder den oben ein Flugloch geschnitten wird.

Info
In Afrika werden für den Transport die Oberträgerbeuten als Ganzes in bienendichte Kästen aus einer Rahmenkonstruktion und Draht hineingestellt.

Gut zu wissen
Leere Bienenkästen, wenn auch nur einmal gebraucht, kommen für diese Aufgabe aus seuchenhygienischen Gründen nicht infrage.

Konstruktion und Selbstbau

> **Gut zu wissen**
> In Entwicklungsländern werden Oberträgerbeuten auch aus Flechtmaterial mit einem Außenputz aus Kuhmist und Lehm, Beton oder Kunststoff hergestellt. Je nach klimatischen Verhältnissen, Materialien, aber auch örtlichen Feinden wie holzzerstörenden Termiten können solche Materialien sinnvoll sein. Betonbeuten haben einen weiteren Vorteil, sie sind schwer – ein effektiver Diebstahlschutz.

Oberträgerbeuten gibt es bei mehreren Anbieter im deutschen Raum fertig zu kaufen. Doch bei diesen kann man eigentlich wegen der Verkomplizierung der Grundkonstruktion und auch des relativ hohen Preises nicht mehr von Einfachbeuten sprechen. Einfachbeuten zeichnen sich aus durch wenige Teile, einfache, robuste Konstruktion und die Vorgabe nur eines genauen Maßes, und das ist die Breite der Oberträger.

Daher bietet sich der Selbstbau der solcher Beuten geradezu an, und zwar am besten mit Holz als natürlichem Werkstoff. Das handwerkliche Geschick, das Sie dazu haben sollten, hält sich in Grenzen und ist durchaus mit dem vergleichbar, was Sie als Imker auch sonst für Kleinteile wie Rähmchen, Wabenkisten, Schwarmkisten, Futter- und Tränkeinrichtungen und Ähnliches typischerweise brauchen. Viel mehr Spaß macht es noch, wenn Sie mit anderen Bauwilligen an einem gemeinsamen Hobbybastlerwochenende Werkzeug, Erfahrungen und Meinungen zusammenbringen.

Vorsicht beim Recycling von Holz

Recycling von Materialien beim Bau einer Oberträgerbeute stößt dort an eine Grenze, wo die Verunreinigung mit belastenden Stoffen anfängt. Bei besonders preisgünstigen Bienenkästen mit Hölzern unterschiedlicher Farbe kam mir der Verdacht, dass es sich um Holz von gebrauchten Paletten handelt.

Speziell für die Oberträgerbeute gibt es unter youtube (MrRazorsReviews, Pallet Topbar Beehive, 2012) eine Anleitung, die Beute aus Paletten zu bauen. Obwohl die Beuten sehr gut aussehen, kann ich davon nur abraten, solange es sich nicht um unbehandelte Neupaletten handelt.

Holzpaletten werden nicht nur für harmlose Güter verwendet. Die Lebensgeschichte einer Altpalette ist meist unbekannt. Durch Warenbruch oder auch direkten Kontakt können sie mit schädlichen Stoffen belastet sein. Im internationalen Verkehr beispielsweise müssen Paletten gegen Holzschädlinge behandelt werden. Im Lebensmittelbereich werden sie behandelt, um sich mit den Tauschpaletten keine Keime und Schädlinge in die Betriebe einzuschleppen. Und in Geflügelbetrieben haben sich Altholzschnitzel als eine mögliche Quelle für Dioxinbelastungen herausgestellt.

Das Material

Sie brauchen:
- **Leimholzplatten** aus dem Baumarkt, 35 bis 40 cm breit und circa 120 m lang,
- ein Bündel möglichst gerade und astarme **Dachlatten**, 20 × 35 mm Schnitt,
- eine **Dämmplatte** als Isolierung, 90 cm × 44,5 cm,
- als Windelunterlage eine 3 mm starke, außen einseitig weiß **beschichtete Spanplatte**, 31 × 82 cm.
- ein **Blech** von 100 cm × 60 cm für das Dach.

Maße der Beutenteile   87

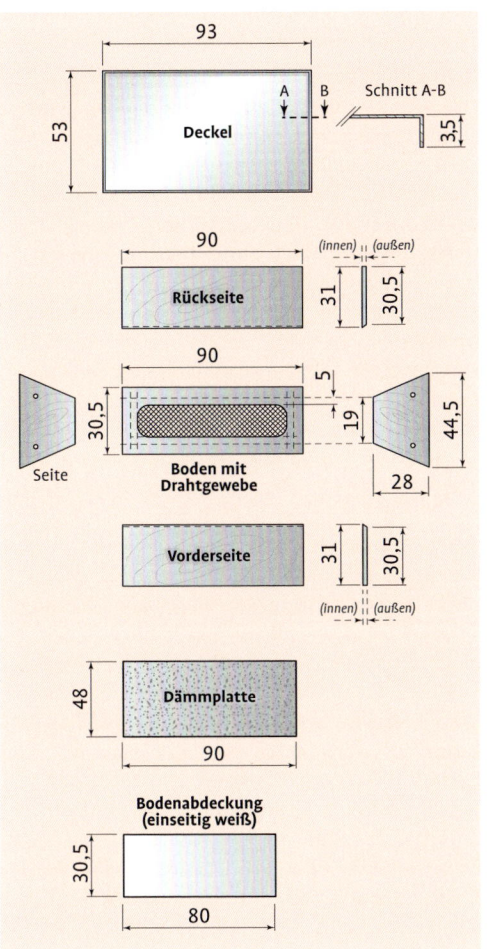

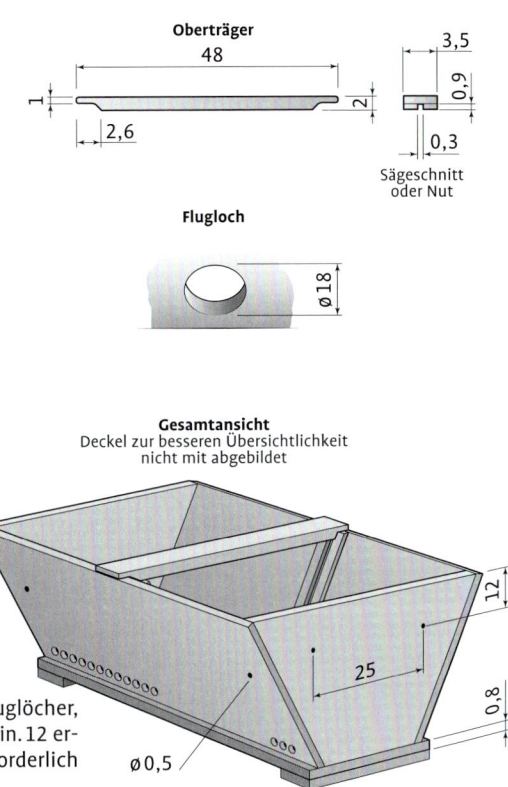

- Zur Aufhängung benutzte ich ummantelten **Zaundraht**.
- Das **Bodengitter** ist punktgedrahtet aus dem Imkerbedarfshandel, um die Tarsen (Füße) der Bienen zu schützen.

Je nach verwendeten Holzstärken können sich die Maße ändern. Die Dachlatten verwende ich sowohl zur Herstellung der Auflageleisten als auch zur Herstellung der Oberträger. Meist werden Oberträger aus Hartholz empfohlen, aber die Dachlatten geben mit ihrer Breite von 35 mm bereits den richtigen Abstand für europäische Bienen vor. Dies vereinfacht die Bearbeitung deutlich und ist auch preislich günstiger.

Maße der Beutenteile

Grundsätzlich können Sie die Teile der Beute nur mit rechtwinkligen Sägeschnitten herstellen. Bei einer Brettstärke von 18 mm ergeben sich eine Höhe der **Seitenbretter** von 31 cm auf der Innenseite und 30,5 cm

Grundplan der Oberträgerbeute wie sie auch von der Welternährungsorganisation FAO für die Entwicklungshilfe empfohlen wird. Die Beute im Bauplan hat davon abweichend aber runde, gebohrte Bohrlöcher, die ebenfalls weit verbreitet sind und einen Drahtgitterboden, der heute zum Standard gehört.

> **Gut zu wissen**
> Nicht verwenden sollten Sie Latten und Lattenabschnitte, die krumm, verbogen oder gedreht sind oder große Astlöcher haben. Diese Fehler könnten sich am Oberträger beim Gebrauch durch Trocknung oder Feuchtigkeit verstärken. Astlöcher fallen aus, der Oberträger wird instabil und die Bienen entdecken ein neues Deckelflugloch, das sie prima verteidigen müssen.

auf der Außenseite. Das Innenmaß des Trapezes für die **Stirnseiten** beträgt oben 44,5 cm, unten 19 cm bei einer Höhe von 28 cm.

Bei den auf den Bildtafeln abgebildeten Oberträgerbeuten habe ich allerdings eine einzige Ausnahme gemacht: Um einen fugenlosen Anschluss der Seitenteile zum Boden zu bekommen, wurde die Unterkante dieser Bretter mit einem Winkel von 15° gestaltet.

Können Sie das Sägeblatt nicht seitlich abwinkeln, erstellen Sie die Seitenteile mit einer Höhe von 30,5 cm. Die Fuge zwischen Bodenbrett und Seitenteilen können Sie dann mit einer Mischung aus Sägespänen und Leim ausgleichen.

Das Werkzeug

Auch wenn Sie eine Oberträgerbeute allein mit einer **Stichsäge** bauen können, so liefert eine **Kreissäge** geradere und glattere Schnitte, die sich ohne Nacharbeiten verleimen lassen. Mit der Kreissäge können Sie auch verdeckte Schnitte, bei denen also die Schnitthöhe geringer als die Dicke des Materials ist, herstellen. Mit verdeckten Schnitten können Nuten, etwa die mittlere in Oberträgern zur Aufnahme des Wachstarterstreifens, ausgeführt werden. Auch eine Oberfräse würde sich hierzu eignen.

Um einen geraden Schnitt beim Zuschneiden der Oberträgerenden, auch Ohren genannt, mit der Kreissäge zu erreichen, wäre eine Führung hochkant über die Säge erforderlich. Früher wurde das auch so gemacht, ist aber mit dem heutigen Sicherheitsverständnis kaum noch zu vereinbaren. Da die Oberträgerbeute auch an dieser Stelle unglaublich fehlertolerant ist, kann man die Enden auch mit Stichsäge und Maschinentisch bearbeiten.

Als professionellere Lösung bietet sich eine **Dekupier-** oder **Handkreissäge** an. Handkreissägen sind weniger genau als Tischkreissägen. Mit einem geeigneten Maschinentisch können sie in passable Tischkreissägen umgebaut werden. Die Genauigkeit liegt deutlich hinter der einer

Grundregeln zum sicheren Umgang mit Kreissägen

- Benutzen Sie nur technisch einwandfreie Geräte.
- Arbeiten Sie immer mit den vorhandenen oder vorgegebenen Sicherheitseinrichtungen.
- Tragen Sie beim Arbeiten mit drehenden Maschinenteilen keine Handschuhe oder weite Ärmel. Imkeranzüge haben enge Bündchen.
- Stellen Sie sich nicht direkt in eine Linie hinter das Sägeblatt. Einschlüsse im Holz können die Kreissäge in ein wahres Oberträger-Pfeilkatapult verwandeln.
- Bewegen Sie das Werkstück immer mit einem Schiebeholz oder einem Schiebestock. Beides lässt sich leicht selbst herstellen.
- Tragen Sie beim Sägen Gehörschutz, Schutzbrille und wenn keine Staubabsaugung verwendet wird, eine Staubmaske.
- Führen Sie das Ablängen und Hochkantschnitte immer nur mit entsprechendem Anschlag (Führung) durch.

festen Tischkreissäge, reicht aber für den Bau von Oberträgerbeuten vollkommen aus.

Beim Einstellen der Schnittbreiten dürfen Sie sich nicht auf die Anzeigen am Tisch oder einem angelegten Zollstock verlassen. Die Schnittbreite wird voreingestellt und ein Brett entsprechend angesägt. Vermessen Sie dann dieses Ergebnis und korrigieren Sie durch Schieben und leichtes Klopfen mit der Faust. Wiederholen Sie den Vorgang solange, bis die gewünschte Einstellung erreicht ist.

Oberträger herstellen

Zum Ablängen, also dem Längenzuschnitt der Oberträger mit der Kreissage, benötigen Sie einen entsprechenden Queranschlag als Führung für die Dachlatten. Nicht alle Maschinentische für Handkreissägen verfügen über einen Quer- oder Winkelanschlag oder lassen sich damit nachrüsten. Es ist jedoch möglich, sich einen Anschlag, der seitlich durch Leisten über den Tisch geführt wird, selbst zu basteln.

Neben der Arbeitssicherheit bringt der Anschlag immer gleichlange Oberträger. Dies vereinfacht die spätere Bearbeitung am Bienenvolk dadurch, dass sich die Oberträger leicht ausrichten lassen. Die Spezial-

Mein Tipp
Zur Einstellung des Winkels lohnt es sich, vorher eine 1:1-Schnittskizze der Beute auf Papier oder einer Tapete zu erstellen. Viele Fragen beantworten sich dabei automatisch.

Oberträger bieten viele Möglichkeiten sie so zu variieren, dass sie die unterschiedlichen Aufgaben während des Bienenjahres erfüllen können.

(1) Eingegossener Starterstreifen mit herausziehbarem Mittelformblech
(2) Dick- oder Breitwabe
(3) Bewachste Holzleiste
(4) Gezogener Starterstreifen
(5) Bewachste Dreiecksleiste
(6) Ausgezogener Wachsgrat mit Ziehform
(7) Gewachste Schnur mit Stopp-Knoten
(8) Zick-Zack-Bienendurchlässe
(9) Gefräste Bienendurchlässe
(10) Mit aufgesetzten Weiselbechern
(11) Geprägte Mittelwand und bewachstes Zeitungspapier sowie Spacern und Randabstandsleiste

Auswahl Oberträgervarianten

❶ ❷ ❸ ❹ ❺ ❻ ❼

Oberträger mit U-Drähten   Oberträger mit Mittelsteg   Oberträger mit Rundholzstäben

❽ ❾ ❿ ⓫

säge hierzu ist eine Kapp- und Gehrungssäge, eine spezielle Kreissäge. Das Sägeblatt wird quer zum Werkstück geführt.

Für eine bessere seitliche Auflage sollten die Oberträger an den Enden oder Ohren abgeflacht werden. Die Oberträger lassen sich so schneller einhängen und verrutschen beim Hantieren weniger. Ihre Stabilität wird dadurch in keiner Weise beeinträchtigt, denn nach den Hebelgesetzen wirkt in der Mitte des Trägers eine viel höhere Last als an den Enden. Obwohl ich nur Dachlatten verwende, ist mit noch nie ein Oberträger gebrochen. Zum Abflachen der Enden verwende ich eine Stichsäge und zeichne die Schnitte vorher mit einer kleinen Schablone an, damit sie einheitlich werden.

Zur Aufnahme des Starterstreifens muss an der Unterseite des Oberträgers noch eine mittige, 8 bis 10 mm tiefe Nut eingefräst oder durch einen sogenannten verdeckten Schnitt mit der Tischkreissäge ausgeführt werden. Falls ohne Starterstreifen gearbeitet werden soll, kann eine Dreiecksleiste untergeschraubt und -geleimt werden.

Boden und Wände sägen

Das Zusägen des Bodens, der Stirn- und Seitenbretter erfolgt häufig mit der Handkreissäge, oft aber auch mit größeren Tischkreissägen mit Rollenböcken. Der passende Zuschnitt der Stirnseiten gelingt einfach mit einer Winkelschiene. Diese wird mit einer Zwinge am Werkstück befestigt und der entsprechende Winkel dann mithilfe einer Skala genau eingestellt. Alternativ können Sie auch eine Holzleiste mit ein paar kleinen Nägeln als Führung aufsetzen. Das ist jedoch aufwendiger.

Für schnelle Schnitte ohne Anschlag ist eine Kreissäge mit Laserführung sehr hilfreich. Wenn Sie die auszusägenden Teile auf dem Werkstück direkt anreißen, also aufzeichnen, hilft Ihnen die Laserlinie dabei, die Anschläge einzustellen. Mit dem Laser entfällt auch das Berechnen des Abstandes vom Anschlag zur Schnittlinie. Die untere Kante der Seitenteile wird schräg ausgeführt. Hierzu können Sie mit Hilfe einer Kreis- oder Stichsäge mit einem einstellbaren seitlichen Anschlag aus einer passenden Platte einen Streifen abtrennen.

Das Dach

Je einfacher das Dach gebaut ist, desto leichter ist es auch. Deshalb ist ein einfacher Stülpdeckel zu bevorzugen. Flache Dächer haben zudem den Vorteil, dass sie ideal als Ab- oder Unterlage zu gebrauchen sind. So können auf einer benachbarten Beute mit Flachdach Werkzeuge übersichtlich in Griffhöhe bereitgelegt werden (siehe auch Seite 75 Arbeitshöhe). Das gleiche gilt für einen umgedrehten flachen Blechdeckel am Boden.

Damit sich ein flacher Blechdeckel bei Wind nicht gegen die Beutenwand verkantet, muss er fixiert werden. Besser als das Auflegen eines Gewichtes ist die Fixierung mit ein oder zwei Drähten, die mit wenigen Umdrehungen um zwei Schrauben oder Schraubösen der Beute festgerödelt werden. Sie bedeuten kein zusätzliches Gewicht, halten auch bei starkem Wind und Böen und beim Transportieren auf der Beute.

Das 100 × 60 cm-Blech für das Dach sollte, auch wenn das teurer ist, aus Aluminium oder Edelstahl sein. Die Ecken des Dachbleches werden in

> **Gut zu wissen**
> Die Befestigungsdrähte müssen hin und wieder zumindest stückweise ersetzt werden. Es kann, allerdings sehr selten im Winter, dazu kommen, dass große Eisplatten, die langsam von den Flachdächern zu einer Seite gleiten und vom Fixierdraht gebremst werden, die Beute in Schräglage bringen. Dann muss das Eis beseitigt werden.

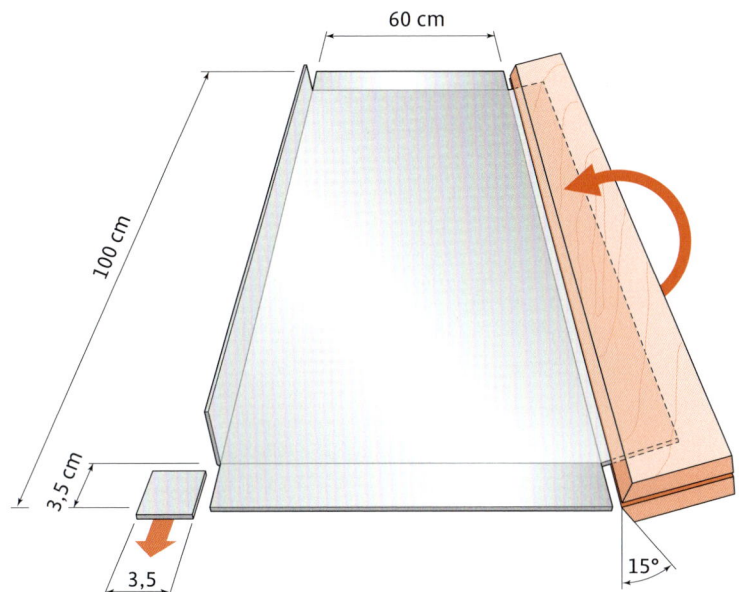

Biegeknecht aus zwei miteinander verschraubten Brettern. Die Bretter für das Biegen der Langseite sind etwas länger als die Biegekanten. Bei ihrer ersten Verwendung werden die Bretter durch Schrauben so aufeinander fixiert, dass der Abstand für das Blech bestehen bleibt. Dann braucht der Biegeknecht zukünftig nur noch aufgesteckt zu werden, um das Dachblech zu biegen.

Tiefe des gewünschten Seitenrandes (3,5 × 3,5 cm) mit einer Blechschere quadratisch ausgeschnitten und das Blech mit einem Biegeknecht aus zwei Holzbrettern (siehe Zeichnung oben) um 90° nach innen gebogen. Um die Blechkante besser ausrichten zu können, sind die Bretter an der Seite, an der sie das Blech umschließen, um circa 15–16° vom Blech weg angewinkelt.

Legen Sie das Blech auf einen Teppich oder eine andere weiche Unterlage und biegen Sie zuerst die langen Kanten von außen nach innen hoch. Die kurzen Seiten werden entsprechend so zwischen die zwei Leisten geklemmt, dass sie nicht überstehen. So kann das Blech passend zu den Seiten angepasst werden. Wenn der Deckel so groß ist, dass er an allen Seiten der Beute etwas übersteht, brauchen die Ecken nicht nachbearbeitet werden, damit das Wasser nach unten abläuft.

Variationen der Grundkonstruktion

Einfacher und bündiger als die beschriebene Grundform der Oberträgerbeute sind Konstruktionsvarianten mit aufgesetzten Stirnseiten und ohne durchgehenden Holzboden. Der Boden kann leicht mit einem Varroagitter abgeschlossen werden, auf das im besten Fall eine Leiste gesetzt wird.

Allerdings traue ich persönlich den Schrauben nicht, die ins Stirnholz der Seitenwände geschraubt werden. Ohne solides Bodenbrett fehlt auch etwas an Stabilisierung. Die Windel sitzt nicht parallel zum Boden und es gibt keinen Innenrand, auf den eine Holzunterlage für einen Futtereimer abgestellt werden kann.

Gerade durch das Einstellen von Futtereimern hinter einem Schied, das den Raum in eine leere Futterkammer und dem Bereich für das Bie-

Die Standard-Oberträgerbeute bietet vielerlei Möglichkeiten zur Variation bei der Imkerei.

(1) Trageleisten und Welldach
(2) Angeschraubte Beine und Holzdeckel
(3) Giebeldach und seitlich angesetzte Beine
(4) Umlaufender Rahmen (offene Wabengasse und 25-mm-Oberträger), Stützpfähle
(5) Varroaschubladen und bodennahe Eingriffsklappe auf Wabenbock

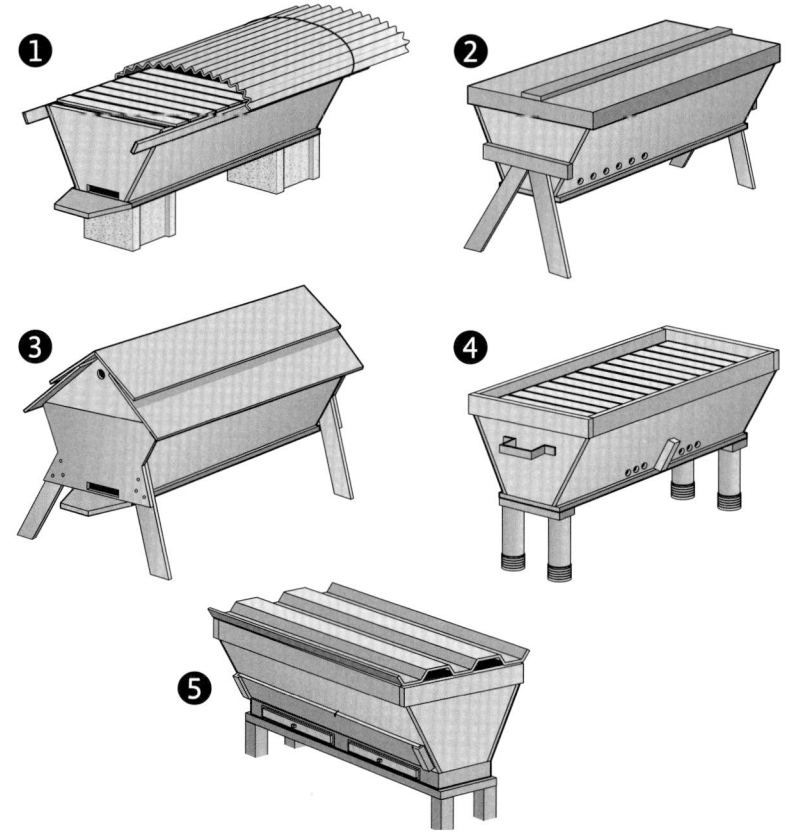

nenvolk aufteilt, kann den Bau- und Zubehöraufwand stark erhöhen. Dies widerspricht eigentlich dem Grundgedanken einer Einfachbeute, muss aber nicht bedeuten, dass man in solchen Beuten nicht imkern kann.

Varianten für Ableger und Zucht
Durch eine Verkürzung oder Verlängerung der Seitenteile können Ableger mit Raum für 3 bis 10 Waben und **Zuchttröge** mit mehr als 27 Waben geschaffen werden. Wenn Sie Leimholzplatten aus dem Baumarkt als Beutenmaterial benutzen, fallen gerade beim Zuschneiden der Stirnseiten Abfallstücke an. Diese reichen meist aus, einen Ablegerkasten zu bauen, dessen wichtigste Teile Sie quasi geschenkt bekommen. Nutzen Sie diese Gelegenheit ruhig.

Vorteil der **Ablegerkästen** ist, dass sie durch eine einzelne Person gehoben und bewegt werden können. So eignen sie sich auch zur Unterbringung von Schwärmen oder als **Transportkiste** für Waben. Wenn Sie im unteren Bereich der Seitenwände eine Vielzahl von Fluglöchern bohren und darüber ein Absperrgitter anbringen, erhalten Sie einen sehr einfachen **Feglingskasten**.

Durch die Gestaltung des Flugloches können solche Ableger auch als **Schwarmfalle** dienen. Allerdings dürfen sie hierzu niemals vorher besiedelt gewesen sein. Außerdem muss der Ableger in einiger Entfernung vom Muttervolk stehen, wobei es kaum möglich ist, die eigenen schwärmenden Bienen einzufangen. Dieser Einsatz lohnt sich also selten.

Fluglöcher

Bei wenigen Dingen hat man soviel Spielraum wie bei der Gestaltung der Fluglöcher. Typisch für die Oberträgerbeute sind Anordnungen aus vielen kleinen Löchern. In tropischen Ländern liegt der Vorteil darin, dass sie leicht zu bohren sind und in der Tatsache, dass kleine Fluglöcher nur wenige Bienen brauchen, um sie gut gegen andere Insekten und räubernde Bienen zu verteidigen. Deshalb ist es ja auch bei uns üblich, die Fluglöcher von kleinen oder flugbienenarmen Ablegern stark zu verkleinern.

Bei der Oberträgerbeute wird dieses Prinzip eingehalten und einfach mehrere oder eine Reihe von Fluglöchern angebracht. Die Löcher können einzeln mit Stopfen oder gesamt mit einem angehefteten Blech oder Gitter verschlossen werden.

Um Wärmeverluste zu vermeiden, sollten die Fluglöcher bodennah liegen. Wie beim Magazin können Oberträgerbeuten im Warmbau oder im Kaltbau betrieben werden. Grundsätzlich kann in beiden ordentlich geimkert werden und ist eher eine Frage der Beute als der Bienen, welche Form infrage kommt.

Ich bevorzuge die Anordnung der Fluglöcher an den langen Seitenflächen der Oberträgerbeute. Dies bringt folgende Vorteile:
- Es können bodennah mehr Fluglöcher auf einer Linie angebracht werden.
- Durch die Schräge der Seitenteile sind die Fluglöcher vor Regen geschützt, ohne dass weitere Anbauteile oder Dachüberstände nötig sind. Dadurch werden auch die Außenmaße der Beute nicht zusätzlich erweitert.
- Auch mehrere Völker in einer Beute können zu einer Seite ausfliegen, was die Bearbeitung erleichtert, da man hinter der Beute nie im Flugbereich der Bienen steht.
- Die Beute kann leichter ausgerichtet werden, da die Waben nicht an eine Stirnseite geschoben werden müssen.
- Bei Bedarf können durch Schiede von den beiden Stirnseiten aus Räume abgetrennt werden, die als seitliche Wärmeisolierung dienen.

> **Grundregel**
> Bei Kaltbau sollte das Flugloch mittig sitzen, bei Warmbau in einer Ecke.

Löcher bohren

Idealerweise werden die Fluglöcher noch vor dem Zusammenbau der Beute gesetzt. Dazu können Sie verstellbare Zentrums- oder Forstnerbohrer verwenden.

Für kleinere Durchmesser wählt man eher die variablen Zentrumsbohrer, die massiven Forstnerbohrer sind für Bohrlöcher ab 19 mm Durchmesser zu empfehlen. Beide Bohrer werden mit einem Arbeitshinweis zur Verwendung eines Bohrständers verkauft. Mit dem Bohrständer können nach Zusammenbau der Beute aber damit keine Fluglöcher mehr gebohrt werden.

> **Gut zu wissen**
> Für runde Fluglöcher haben sich angespitzte, für dreieckige, zerteilte Naturkorken bewährt. Weiselstopfen aus Hartholz fallen wegen der fehlenden Elastizität bei Temperaturwechsel aus den Löchern und Kunststoffkorken sitzen so fest in den Fluglöchern, dass sie sich kaum wieder ohne Anstrengungen entfernen lassen.

Um saubere Bohrlöcher ohne ausgerissene Ränder herzustellen, muss dem Werkstück ein Brett unter- oder hinterlegt werden. Sollte doch ein Loch in einen fertigen Beutenkörper gebohrt werden, wird dazu ein Brett mit Schraubzwingen oder Spannplattenschrauben angebracht.

Einfacher und ohne speziellen Bohrer lassen sich die Fluglöcher als dreieckige Ausschnitte in den Seitenteilen herstellen. Dabei gibt es auch keine Festlegungen bezüglich der Durchlassgrößen. Der einzige Nachteil dabei, dass in der fertigen Beute die Löcher nicht nach Belieben angearbeitet werden können.

Farbenspiel
Neben der grundsätzliche Frage, ob die Beute gar nicht, nur mit Leinöl oder bienengeeigneten Farben angestrichen werden soll, ergibt sich noch die Frage, wenn ja, in welcher Farbe?

Dabei spielt es eine Rolle, wo die Beute steht oder hängt. In Afrika werden Beuten eher weiß angestrichen und in Südfrankreich habe ich Holzbeuten mit einem Silbermetallic-Anstrich gesehen. Beide Farben sollen sie vor der Sonne durch eine möglichst große Lichtreflexion schützen.

Befinden sich die Beuten an einem halbschattigen Waldstandort in Deutschland, sollten Sie trotz all Ihrer Freude am Imkern nicht vergessen, dass viele Menschen Bedarf an Landschaft haben. Daher sorgt eine dezente, angepasste Farbe dafür, dass nicht überall das Grün von Feld und Wald durch etwas Künstliches gestört wird. Schlichte Bienenvölker laden deutlich seltener Mitbürger zum Vandalismus ein, als markante, gut sichtbare Bienenkästen. Meine Beuten im Wald waren einheitlich dunkelgrün. Bienenkästen im Garten können selbstverständlich farblich an Gebäude, etwa durch gut reflektierendes Weiß an einer Hauswand oder silbermetallic an einem stählernen Geräteschuppen angepasst werden.

Es gibt noch eine weitere sehr nachbarschaftsfreundliche Möglichkeit: Beziehen Sie Kinder mit ein, Ihre eigenen und andere aus der Gegend. Lassen Sie sie sich austoben, Spaß haben, ihrer Fantasie den Lauf lassen und ein einmaliges, lebendiges Gartenkunstwerk schaffen (siehe Foto 1 auf Tafel 1). Stellen Sie die Farben bereit, motivieren Sie die Kinder ein wenig, machen den richtigen Radiosender an und gehen Sie weg! Die Künstler brauchen ihre Freiheit. Danach werden sie sich mehr mit Ihren Bienen identifizieren als durch 100 Sonntagsvorträge.

> **Gut zu wissen**
> Im Inneren werden die Bienenkästen niemals angestrichen, da die Bienen die Innenwände ihrer Wohnung selbst mit Kittharz überziehen und die Bienen zum Teil des gemeinsamen Lebens machen.

Schied

Ein Schied ist ein Brett oder eine Platte, das oder die den Raum einer Beute in mehrere Teile trennt. Sie ist ein zentrales Element aller Trog- und Großraumbeuten, denn sie macht eine variable Raumanpassung möglich, obwohl keine verschiedenen Beutengrößen oder Zargen zur Verfügung stehen. Gerade Standimker und unerfahrene Imker tun sich leichter damit, den Raum häppchenweise geben oder einschränken zu können.

In der Regel sind Schiede ähnlich wie Waben gestaltet, das heißt, sie haben einen Oberträger. Auf jeder Seite sollten sie einen Bienenabstand zur Wand von rund 6 mm haben. Damit die Bienen nicht zu stark am

Schied anbauen, ist es wichtig, diese 6 mm durch einen entsprechenden Oberträger oder durch Abstandsleisten auch zu gewährleisten.

Schiede werden meist bewusst so gestaltet, dass die Bienen am Schied vorbeikommen können, so zum Beispiel wenn sie zum Einengen oder zur Abgrenzung eines Futterraumes in der Beute genutzt werden. Nach der Bearbeitung oder zum Futter laufen die Bienen einfach unter dem Schied durch.

Schiede können auch als Brett zum Einstecken gestaltet sein. Dann muss entweder eine Nut in die Seitenwände gefräst, gesägt oder eine solche aus zwei Leisten gebildet werden. Schiede, die in einer Nut eingesteckt werden und eventuell einen Oberträger besitzen, sind bienendicht zu gestalten, damit beispielsweise zwei Ableger in einer Oberträgerbeute gehalten werden können.

Da die Schiede der Wabenanordnung folgen, lassen sie sich entsprechend leicht für weitere Funktionen variieren.

1. Als **horizontales Absperrgitter**. Hierzu wird ein möglichst großer Bereich eines dicht schließenden Schiedes ausgeschnitten und von einer Seite ein Absperrgitter angebracht. So ist eine Trennung in Brutraum und Honigraum möglich, da die Königin im Gegensatz zu Arbeiterinnen und Drohnen das Gitter wegen ihres größeren Brustumfangs nicht passieren kann.
2. Als **Bienenflucht**, die in ein dicht schließendes, ausreichend starkes Schied eingebaut werden kann.
3. Als **Futtergeschirr**. Das Schied selbst kann als Futterwabe oder in Verbindung mit einer Glasfütterung ausgeführt werden. Wegen des hohen Bauaufwandes stehen diese beiden Varianten allerdings hinter der Futtergabe per Eimer oder Streudose zurück (siehe Zeichnung Seite 69).

Gut zu wissen
Sinnvoll ist es, als Durchschlupf im Schied eine Bohrung anzubringen. Da diese mit einem aufgehefteten Blech oder Stopfen auch zügig verschlossen werden kann, ist das Anbringen von Fluglochscheiben oder -schiebern unnütz. Außerdem werden alle fein beweglichen Verschlüsse in der Beute von den Bienen schnell verkittet und funktionieren dementsprechend schlecht.

Rampe

Bienen sind echte „Rampensäue" und das hat etwas mit der schiefen Ebene zu tun. Eine schiefe Unterlage bringt die Bienen, ähnlich einem Marienkäfer auf der Hand, dazu, immer zum höchsten Punkt zu laufen. Während der Marienkäfer von dort abfliegt, sammeln sich die Bienen zu einer Schwarmtraube oder ziehen in eine Höhlung oder Bienenkasten ein. Dieses Verhalten kann man sich zunutze machen. Sei es um einen Schwarm einzuschlagen, eine Königin auszusieben, zwei Völker zu vereinigen, Bienen von Waben zu fegen, die dann langsam wieder ins Volk laufen oder auch, um einen Freiluftschwarm oder Fegling zu bilden.

Die einfachsten Rampen bestehen aus einem ansteigend zum Flugloch vor die Beute gestellten Brett oder einer Platte. Wird die Platte mit zwei Drähten an der Beute fixiert, ist sie der Höhe der Beutenunterkante immer angepasst. Auch lässt sich die Platte sich leicht transportieren. Eine andere Möglichkeit ist es, eine Platte auf einer Unterlage anzulegen, etwa einem umgedrehten Blumentopf oder zwei kurzen Pfählen. In jedem Fall stabiler ist aber eine feste Rampe.

Mehr Honig? Mehr Natur?

Immer wieder tauchen diese Fragen auf: Was kann ich tun, um mehr Honig aus meiner Oberträgerbeutenimkerei zu gewinnen? Was kann ich tun, um die Haltung meiner Bienen noch natürlicher zu gestalten?

Hier kommen zwei verschiedenen Arten der Erweiterung in die Diskussion. Hinsichtlich der Ertragssteigerung geht die Richtung nach oben: zum Aufsetzen von Honigräumen. Bei der Suche nach einer naturnäheren Beute nach unten: zur Verwendung eines hohen Öko-Unterbodens.

Öko-Unterboden

Dieser Boden zielt darauf hin, einen Zustand wie in einer Baumhöhle mit einer lockeren Bodenschüttung nachzuahmen. Er soll mit dem Rest der Beute ein lebendes Biotop bilden. Der Luftaustausch durch den Drahtgitterboden ist wegen der Einstreu auf jeden Fall eingeschränkt. Dafür kann die Bodenschicht gut die Luftfeuchtigkeit puffern.

Auf jeden Fall sollte der Boden abnehmbar gestaltet werden, einmal um die Haltbarkeit der Beute nicht zu verkürzen und um eine einfache Varroadiagnose zu ermöglichen. Dazu wird eine entsprechende Verlängerung der Beute nach unten angefertigt, die dann einen 7,5 bis 10 cm tiefen Unterboden bildet. Der nach oben offene Unterboden wird nach unten mit einem bienendichten Gitter abgeschlossen und bis zur normalen Bodenhöhe mit Hobelspänen oder Ähnlichem eingestreut.

Da sich ein Drahtgitterboden als Standard bewährt hat, sollten Sie den Öko-Unterboden in Betracht ziehen, wenn Ihr eigenes Ziel eine sehr naturnahe Haltung ist. Dies gilt auch deshalb, weil er mit einem höheren Arbeitsaufwand verbunden ist.

Honigzarge

Um eine Honigzarge auf eine Oberträgerbeute zu setzen, sind entsprechende Durchlässe für die Bienen nötig, denn die Oberträger bilden in ihrer Grundform eine geschlossene Decke.

- Sie können die Durchlässe schaffen, indem Sie einen oder zwei Oberträger entfernen, doch dies ist nicht zu empfehlen. Die Bienen werden im Übergangsbereich leicht Wildbau anlegen.

> **Gut zu wissen**
> Bei Reinigungsarbeiten ist die Streu zu erneuern. Es hängt von der Qualität der Einstreu ab, wie sich das System hygienisch auswirkt.

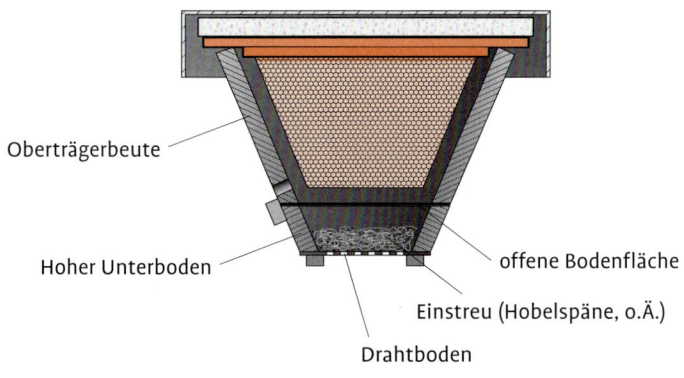

Ein Ökoboden soll die natürlichen Verhältnisse in einem hohlen Baumstamm nachbilden. Es ist dabei gewollt, dass sich auch Nützlinge wie Bücherskorpione in der Einstreu ansiedeln.

Oberträgerbeute
Hoher Unterboden
offene Bodenfläche
Einstreu (Hobelspäne, o.Ä.)
Drahtboden

- Besser Sie sägen oder fräsen entsprechende Durchlässe in die Oberträger. Am einfachste geht dies durch dreieckige Einkerbungen von circa 7,5 mm Tiefe zur Mitte.
- Großzügiger ist es, wenn Sie bereits bei der Herstellung die Oberträger mittig um 5 mm in der Breite reduzieren. Zwischen zwei Oberträgern entsteht dann ein Durchgang von 10 mm.
- Die Aussparungen sind so zu platzieren, dass die Bienen nicht neben der Honigzarge nach oben herauskommen können.

Je nach Ausführung der Unterkante der Honigzarge ist es angebracht, zwischen Unterkante der Rähmchen in der Honigzarge und der Oberfläche der Oberträger einen Bienenabstand von 6 bis 10 mm einzurichten. Dies erreichen Sie durch einen selbstgebauten Abstandsring oder einfacher und daher besser, durch einen Ausgleich mit Leisten, die Sie am unteren Rand der Honigzarge anheften.

Da sich mit der aufgesetzten Honigzarge durch den veränderten Raum die ideale Brutnestanordnung verändern könnte, sollte sicherheitshalber gleich ein Absperrgitter fest an der Unterseite der Honigzarge mit angebracht werden. Zudem ist es im Allgemeinen so, dass der Deckel nicht mehr einfach aufgelegt werden kann, sondern immer zwei Zargen, wenn nötig als Blindzarge ohne Bienenzugang, aufgesetzt werden müssen. Im Ausnahmefall kann so auch ein Futterraum geschaffen werden, ohne dass Sie dazu Waben aus dem eigentlichen Beuteraum entnehmen müssen.

Eine weitere Form der Durchlässe ergibt sich aus der Verwendung von 25 mm breiten Oberträgern. Dabei sind die Wabengassen offen und es wird, wie bei anderen Bienenkästen, eine obere Abdeckung mit Deckfolie und Deckel mit Deckbrettchen verwendet, die nur an den Stellen fehlen darf, die von der Honigzarge abgedeckt sind.

Gut zu wissen
Wenn es nur darum geht, von oben zu füttern, könnte auch ein einfacher Bretterrahmen aufgesetzt werden.

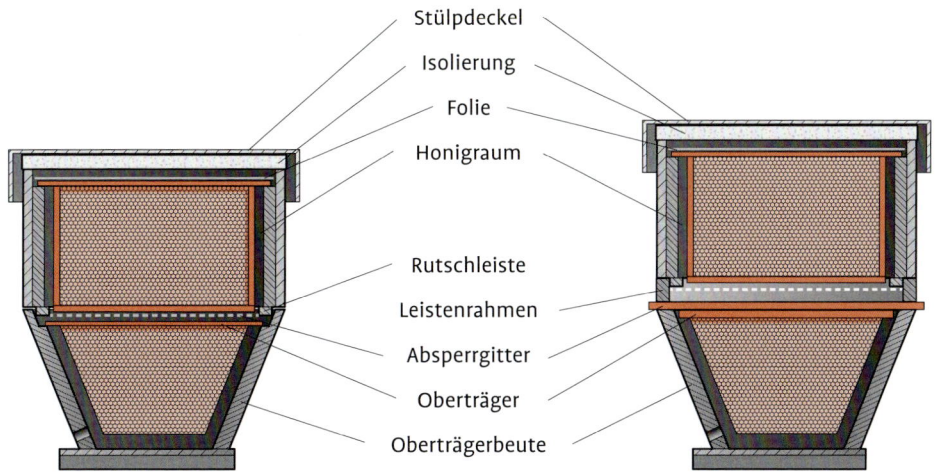

Die Verbindung von Oberträgerbeute und aufgesetztem Honigraum. Links die Variante mit den inneren Auflagenfalz für die Oberträger.

> **Mein Ratschlag**
>
> In jedem Fall steigen mit der Honiggewinnung die Anforderungen an die Beute stark an und es gelten die oben genannten Nachteile. So empfehle ich persönlich den Einsatz von Honigzargen nicht. Insgesamt sollten Honigzargen mit und ohne Rähmchen immer nur übergangsweise verwendet werden, da man die Nachteile von beiden Systemen bekommt, von den Vorteilen aber nicht ausreichend profitieren kann.

Damit die Bienen die Beute nicht zwischen den Oberträgern verlassen, werden diese kürzer angefertigt und die Seiten mit einem aufgesetzten Rahmen verkleidet. Alternativ kann ein innerer Auflagefalz für die Oberträger vorgesehen werden. Rahmen oder gefalztes Ende lassen sich so stabil und passend gestalten, dass entsprechende Zargen direkt aufgesetzt werden können. Im Gegensatz zum oben genannten System ist hier aber eingeschränkte Kompatibilität mit verschiedenen Rähmchenmaßen zu bedenken.

Schätze aus dem Bienenvolk

Flüssiges Gold, das die Arbeit versüßt und Sonne in Winter und Dunkelheit bringt. Eigentlich ist Honiggewinnung ganz einfach: Man bricht die Honigwabe wie ein Fladenbrot und zerquetscht sie in der Hand, bis der Honig herausfließt. Diese Methode der Honiggewinnung haben Menschen als Jäger und Honigsammler oder besser Honigräuber über Jahrtausende betrieben.

Honig aus bebrüteten oder unbebrüteten Waben gewinnen?

Dazu vorab ein kleiner Exkurs: Wenn sich die Bienenmade zum fertigen Insekt verwandelt, bereitet sie gleichzeitig die Zelle für die nächste Larve vor. Ihr Darm, der noch bis dahin noch ein geschlossener Sack war, bildet sich vollkommen aus und die Larve scheidet einmalig den gesamten Kot aus, der sich darin während der gesamten Larvenzeit angesammelt hat. Dann häutet sie sich und kleidet die Zelle mit ihrer abgestoßenen Madenhaut komplett aus. Der Kot wird damit vollständig versiegelt.

In eine solche frisch tapezierte Kammer kommt ein neues Ei. Die Zelle wird durch die Schichtung der Häute bei jeder weiteren Belegung enger und kürzer, aber immer stabiler. Gerade beim Imkern im Naturwabenbereich ist die höhere Stabilität solcher Waben von großem Vorteil, sofern Sie keinen Wabenhonig gewinnen möchten. Die Bienen nutzen die vorher bebrüteten Zellen, um je nach Bedarf Pollen oder Honig einzulagern.

Aus menschlich betrachtet „hygienischen" Gründen nur unbebrütete Waben zur Honiggewinnung heranzuziehen, halte ich für übertrieben. Lange üblich war die ausschließliche Verwendung von unbebrüteten Honigwaben, sogenannten Jungfernwaben, nur in angelsächsisch geprägten Ländern, weil dort ein extrem heller, klarer Honig angestrebt wurde und außerdem etwas stabilere Halbzargen für die Honigräume die Regel sind.

Zur Senkung des Schwarmtriebs wurden in Beuten mit fixen Braträumen, etwa Blätterstöcken, Auszugs- oder Lagerbeuten immer wieder gedeckelte Brutwaben aus dem Brutraum in den Honigraum eingehängt. Dadurch war es dann wenig sinnvoll, auf den Honig aus diesen bebrüteten Waben zu verzichten und eine kontinuierliche Wabenerneuerung war besonders leicht möglich.

A propos Hygiene

Auch beim Imkern sollte nach hygienischen Grundsätzen gehandelt werden, denn sie dienen zu Ihrem Schutz und der Gesunderhaltung Ihrer Familie. Der Honig, den Sie in der Oberträgerbeute gewinnen, ist ein Lebensmittel. Sie werden ihn nicht gewerblich abgeben und so gelten die komplexen Regeln und Kennzeichnungs- und Eigenkontrollsysteme für Sie auch nur begrenzt. Doch um sich und andere – unter Umständen auch Ihre Bienen – vor Schäden zu bewahren, sollten Sie ein paar Grundsätze berücksichtigen.

> **Gut zu wissen**
> Ein Bienenvolk wächst von oben nach unten und von innen nach außen, sodass natürlicherweise die meisten Zellen bereits bebrütet waren, bevor sie zur Honiglagerung genutzt werden.

Beim Imkern
- Bienenmedikamente nur nach Gebrauchsanweisungen und nicht während der Tracht einsetzen. Rückstände!
- Bodenkontakt der Waben vermeiden, Botulismus-Risiko.
- Auf außergewöhnliche Trachten achten, etwa Lebensmittelabfälle, Massentrachten an Giftpflanzen wie Kreuzkraut. Sie können zu Schadstoffeinlagerung führen.

Bei der Honiggewinnung
- Nur Gefäße und Geräte verwenden, die für den Umgang mit Lebensmitteln geeignet sind. Im Allgemeinen sind solche Gegenstände mit einem Messer- und Gabelsymbol gekennzeichnet. Für den Hobbyimker sollte dies ausreichen.
- Gläser und Gerätschaften vor dem Einsatz reinigen. Kontrollieren Sie alle eingesetzten Gefäßen auf Glasbruch und Fremdkörper oder im Inneren anhaftende Glasscherben.

Honigwaben entnehmen

Zur Honigernte werden die reifen Honigwaben entnommen. Bei richtiger Völkerführung sollten sich die Waben an den Rändern befinden und es sollten grundsätzlich die ältesten Waben sein, wenn Sie die Wabenerneuerung von außen nach innen betrieben haben.

Bienenflucht

Am elegantesten ist es natürlich, die Bienen dazu zu bringen, ihre Honigvorräte zu verlassen. Dies gelingt mit einer Bienenflucht. Bedingung hierzu ist ein bienendichtes Schied. Die Bienenflucht selbst kann entweder senkrecht ins Schied eingesetzt werden oder Sie benutzen ein dichtes Schied mit Bienenflucht über das Flugloch.

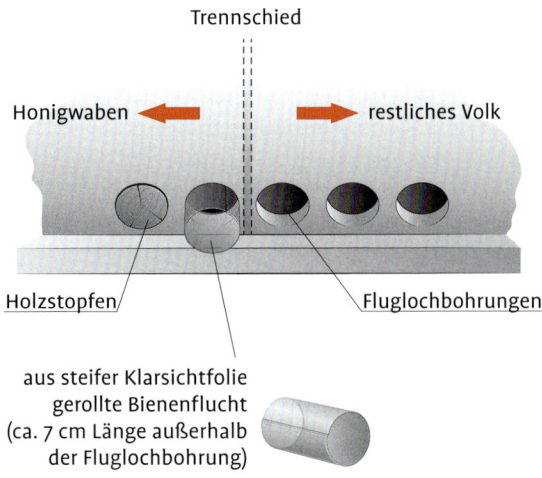

Anordnung der Fluglöcher bei einem durch ein Schied vom Volk abgetrennten Honigraum. Mit einem Stück Klarsichtfolie lässt sich eine Bienenflucht für das Flugloch improvisieren.

So einfach sich diese Methode anhört, selten wird darauf zurückgegriffen. Dies hat mehrere Gründe:
- Es muss jede Wabe angefasst und auf Brut kontrolliert werden, auch ohne den frühzeitigen Einsatz eines Absperrgitters.
- Es gibt keine Garantie für Flugwetter an den passenden Tagen.
- Der Aufwand lohnt sich kaum bei wenigen Völkern oder wenigen zu entnehmenden Honigwaben.
- Stehen die Bienenvölker nicht zu Hause, muss der Standort doppelt angefahren werden.

> **Gut zu wissen**

Eine Bienenflucht kann aus einer transparenten Röhre bestehen, die man aus einem Stück stabiler Plastikfolie rollt und einfach in eines der runden Fluglöcher der Oberträgerbeute steckt. Innen darf die Röhre nur sehr wenig über die Innenwand hereinragen, damit die Bienen den Ausgang finden, außen sollte sie 7 bis 8 cm hinausragen. Alle anderen Fluglöcher des Honigraums müssen verschlossen werden.

Die Honigwaben werden über ein Schied abgetrennt. Damit die Bienenflucht funktioniert, darf sich keine Brut und auch nicht die Königin in den Honigwaben befinden. Dies ist am einfachsten zu erreichen, indem Sie schon zwei Wochen vor der Honigernte an der Stelle des Schiedes ein Absperrgitter einhängen.

Durch die transparente Röhre verlassen dann, abhängig vom Flugwetter, die vom Volk abgetrennten Bienen den brutlosen Honigraum. Wollen sie zurück, finden sie draußen das durch die Röhre in die Luft hinaus verlängerte Flugloch nicht wieder und fliegen zu den Fluglöchern des Brutraumes wieder hinein. Der Honigraum, wo ja keine Brut die Bienen hält, fliegt sich somit leer oder in der Imkersprache „kahl".

Abfegen

Deshalb werden die Honigwaben meist einfach mit den aufsitzenden Bienen entnommen und diese dann abgefegt. Bei wenigen Völkern macht man dies ausschließlich mit dem leicht angefeuchteten Bienenbesen. Die Bienen werden mit kurzen, schnellen Bewegungen auf eine Fluglochrampe oder in einen Eimer gefegt.

Nachdem alle sonstigen Arbeiten abgeschlossen sind, werden die abgefegten Bienen aus dem Eimer entweder hinter das bienendurchlässige Schied in die Beute oder über eine Bienenrampe wieder ins Volk zurückgegeben. Nur wenn sehr wenige Waben entnommen werden, kann man die Bienen auch direkt zurück ins Volk fegen.

Reif oder nicht? Der richtige Zeitpunkt für die Honigernte

Für die Honigernte sollten die Honigwaben ganz oder zumindest zu dreiviertel verdeckelt sein. Sind sie nicht ausreichend verdeckelt, hilft sich der Imker, wenn er kein weiteres technisches Gerät verwenden möchte,

> **Gut zu wissen**
> Honig sollte grundsätzlich einen Wassergehalt von höchstens 20 % aufweisen, um dauerhaft lagerfähig zu sein. Presshonig enthält im Allgemeinen mehr Wasser und Pollen als Schleuderhonig. Deshalb sollte man ihn binnen eines Jahres verbrauchen.

mit der sogenannten Spritzmethode. Wegen der fehlenden Stabilisierung durch das Rähmchen, ist die Spitzmethode in der Oberträgerbeute nur bedingt anwendbar. Sonst wird die Reife des Honigs praktisch über das Fließverhalten geschätzt. Reifer Honig bildet beim Abfließen auf der Oberfläche sogenannte sichtbare Treppen. Dies sehen Sie aber erst richtig, wenn der Honig schon entnommen wurde.

Liebig (1998) beschreibt weitere Methoden zur Schätzung der Reife. Als besonders geeignet für die Oberträgerbeute ist die Messermethode, weil dazu nur wenig Honig, wenig Erfahrung und ein einfaches Messer als Messinstrument nötig sind. Dabei wird Honig mit der Messerspitze aus der Honigwabe gekratzt. Dreht man das Messer dann um die eigene Längsachse, muss sich der Honig beim Fließen um das Messer herumwickeln und darf nicht herunterfallen. Sonst ist er zu flüssig und damit nicht reif.

Zuckergehalt

Um den Zuckergehalt des Honigs genau schätzen zu können, lohnt es sich auch für einen Imker mit Oberträgerbeuten trotz geringer Völkerzahl ein Handrefraktometer anzuschaffen. Allgemein werden heute nur noch Handrefraktometer mit automatischem Temperaturausgleich empfohlen, denn der angezeigte Wert ist abhängig von der Temperatur der gemessenen Flüssigkeit. Diese Geräte sind deutlich teurer.

Für alle Refraktometer, auch solche ohne Temperaturausgleich, bekommt man spätestens auf Anfrage eine Korrekturtabelle. Der korrekte Zuckergehalt kann dann ermittelt werden, indem man mit einem einfachen Thermometer die Temperatur des Honigs misst und Messwert am Refraktrometer in der Korrekturtabelle entsprechend abliest.

Was meist nicht erwähnt wird, ist die Tatsache, dass die Refraktometer auf Rohrzucker eingestellt sind, was wieder eine Abweichung (siehe Tabelle unten) zum tatsächlichen Zuckergehalt bedeutet.

Honiggewinnung

Angepasst an die moderne Haltung von Bienen gilt es, für die Gewinnung des Honigs eine Technologie zu wählen, die zum Imkern in der Oberträgerbeute passt. Die einfachste Methode ist dass, was im Englischen „crush and strain" (zerquetschen und abseihen) bezeichnet wird. Im Deutschen

DIN/AOAC Tatsächlicher Wassergehalt	Korrekturfaktor +/–	Rohrzuckerskala Anzeige Refraktometer
>15,2 %	1,8 %	16,9 %
15,2–18,8 %	1,7 %	16,9 %–20,5 %
18,8 %	1,6 %	20,5 %
DIN = Deutsche Norm AOAC = Association of Official Agricultural Chemists - international gebräuchliche Analysenpraxis		

entspricht dies etwa dem **Tropfhonig**. Obwohl sich diese Bezeichnung eigentlich auf das Austropfen entdeckelter, brutfreier Waben bezieht, wäre es besser, einfach nur von Honig oder vielleicht von **Seihhonig** zu sprechen. Die Trennung von Wabe und Honig geschieht hierbei allein durch Schwerkraft. Will man den Vorgang beschleunigen, kann man die Waben pressen. Der Honig wird dann als **Presshonig** bezeichnet, solange die Waben nicht auf mehr als 45 °C erwärmt werden.

Die in Deutschland meist genutzt ist die Methode der Honiggewinnung mit einer Honigschleuder, also durch Zentrifugal- und Luftströmungskraft. Diese hat sich bei Oberträgerwaben trotz verschiedener Versuche mit Drahtkörben, Wabenverstärkungen, Horizontalschleudern (World Extractor) nie bewährt. Und selbst wenn es gelingt, die Waben heil auszuschleudern, passen Leerwaben kaum zur Philosophie hinter der Betriebsweise des Imkerns mit der Oberträgerbeute.

Seihhonig gewinnen – den Dingen ihren Lauf lassen

Bereits bei der Ernte kontrollieren Sie die Waben auf Brut, denn Wabenteile mit Brut dürfen nicht zur Honiggewinnung verwendet werden. Einzelne Brutzellen schneiden Sie aus. Für Seihhonig werden die bienenfreien Waben mit einem langen Messer in einer Schüssel oder einem ähnlichen Behälter zerkleinert. So eignen sich Thermo- oder Kühlboxen gut zum Zerkleinern und auch zur Aufbewahrung abgeschnittener Waben. Durch ihre längliche Form ist es leichter, die Waben hineinzugeben und zu zerkleinern als in einer halbrunden Schüssel (siehe Tafel 4, Foto 1).

Bringen Sie Wabenbrei dann auf ein Sieb. Der Honig läuft langsam nach unten in ein Auffanggefäß ab. Da die Siebleistung von der Größe der Sieboberfläche abhängig ist, ist die Methode grundsätzlich nur bei kleineren Völkerzahlen anwendbar. Zudem ist Honig wasseranziehend und nimmt Fremdgerüche aus der Umgebung als Geschmack an. Dies schließt eine lange offene Aufbewahrung aus.

Damit eine sichere Trennung von Honig und Waben möglich ist, sollte das Honigauffanggefäß, wenn es keinen Ablauf hat, mindestens das gleiche Volumen besitzen, das an Honigbrei eingebracht werden kann. Außerdem muss ein direkter oder indirekter Luftaustausch möglich sein, was durch ein eine große Sieboberfläche oder Be- und Entlüfungsöffnungen gewährleistet werden kann.

Siebleistung erhöhen

Dazu können Sie einen mehrstufigen Siebprozess aufbauen, indem Sie nacheinander immer feinere Siebe (zum Beispiel: Durchschlag-Gittergewebe-Seihtuch) verwenden. Im einfachsten Fall können Sie ein Seihtuch mit einem Gummispannband auf einem Eimer befestigen. Im äußersten Fall – gewerbliche Herstellung ausgeschlossen – können Sie Siebtürme aus mehreren Honigeimern aufgestellen, die mit Durchlässen und Sieben ausgestattet sind.

Für Imker mit einem oder zwei Bienenvölkern kann ein entsprechender Siebturm (siehe Tafel 4, Foto 3) leicht aus zwei Eimern, einem Deckel und einem Seihtuch hergestellt werden:

> **Tipp**
> Ein gewelltes Brotmesser arbeitet sich nicht nur leicht durch die Waben, es besitzt für gewöhnlich eine abgerundete stumpfe Spitze, sodass die Thermobox nicht durch die Klinge beschädigt wird.

Selbstgebauter Lochschneider für die Montage eines Quetschhahns auf einem Honigeimer aus einer Leiste mit einem kurzen Sägeschnitt einer Spannplattenschraube und einer Cutter-Klinge.

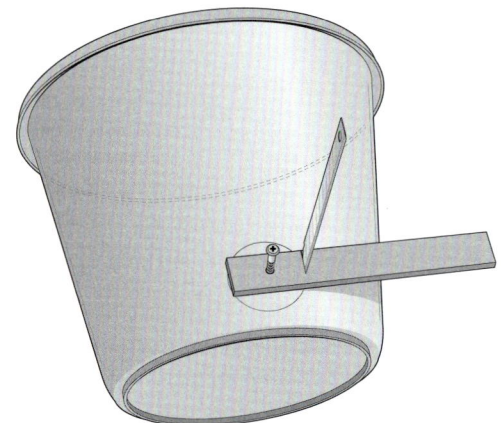

- Bei einem Eimer wird der untere Teil abgeschnitten, sodass das obere Drittel nur noch aus einem 10 bis 15 cm hohem Ring ohne Boden besteht.
- Ein Seihtuch aus Perlongewege wird auf den zweiten Eimer gelegt.
- Der aus dem ersten Eimer geschnittene Ring wird nun von oben in den zweiten Eimer gesteckt, als wolle man die Eimer ineinander stapeln.
- Das Seihtuch wird dabei mit in den zweiten Eimer gezogen und zwischen die beiden Eimerwände eingeklemmt. Damit das Seihtuch nicht doch durchrutschen kann, machen Sie in die vier überstehenden Zipfel vorher je einen Knoten.

Je nach Größe des Seihtuches wird der Eimer in zwei durch das Tuch getrennte Räume geteilt, die unterschiedlich groß sein können. Mit einem Deckel kann der Turm oben abgeschlossen werden. Zum Ablassen des Honigs lässt sich der Eimer nach Wunsch mit einem Quetschhahn (siehe Tafel 5, Foto 1) versehen. Wird ein Seihtuch auf einen Eimer mit Quetschhahn gespannt, erhalten Sie ein großflächiges Feinsieb, das Sie in Kombination mit den weiter unten beschriebenen Pressen einsetzen können.

Dem Seih- beziehungsweise Tropfhonig lassen Sie bei Raumtemperatur drei Tage Zeit, um durch das Sieb in den unteren Eimer zu fließen. Dann stellen Sie die Wachs- und Honigreste in einem Eimer oder einer Schüssel hinter das Schied in die Oberträgerbeuten ein, damit die Bienen die Honigreste zurückgewinnen können.

Honig pressen

Wollen Sie die Wachsreste nicht an die Bienen zum Auslecken zurückgeben, weil Ihnen der Honig so viel wert ist, Sie wenig freien Platz in den Beuten haben oder keinen Anreiz für Räuberei geben möchten, können Sie die Reste auch pressen.

Im Gegensatz zu den folgenden Methoden geht es hier darum, mit minimalem Materialeinsatz auszukommen. Andreas Petersen

Gut zu wissen
Wenn Sie die Wachs- und Honigreste zurück zu den Bienen geben, sollte dabei kein Honig zwischen verschiedenen Standorten ausgetauscht werden. Durch den Honigduft kann es außerdem zu Räuberei kommen.

(http://forum.bienenkiste.de/forums/thread/906/der-letzte-tropfen#dis-post-4497) hat hierzu eine Anregung für eine einfache Plattenpresse aufgenommen und verbessert. Dabei wird das Seihtuch mit dem Pressmaterial oben mit einer Schnur zusammengebunden, frei aufgehängt und darunter ein Auffanggefäß gestellt. Von zwei Seiten werden Platten so aufgehängt, dass das Pressmaterial dazwischen hängt. Die Platten können dann mit zwei horizontalen Ratschengurten oder, nach Petersen, mit vier Schraubzwingen zusammengedrückt und der restliche Honig ausgepresst werden.

Mechanische Pressen

Wer es schneller, effizienter und sicherer haben möchte, der muss richtig Druck machen. Hier kommt die klassische **Thüringer Kartoffelpresse** ins Spiel, die man zu Herstellung von Kartoffelklößen oder zum Pressen von Obst und Ähnlichem benutzt (siehe Tafel 5, Foto1).

Es ist eine Spindelpresse in einem Metallzylinder, Boden und Deckel sind aus Holz. Diese Kartoffelpressen sind auch noch heute neu und aus Edelstahl beziehbar. Da die Kartoffelpresse keinen Ablauf besitzt, muss sie zum Honig pressen in ein geeignetes Auffanggefäß gestellt werden, am besten einen Honigeimer mit Quetschhahn.

Zum Betrieb der Kartoffelpresse ist außerdem die Verwendung eines Presssacks notwendig. Er wird in den Metallzylinder der Presse eingelegt, sodass Boden und Seitenwände ausgekleidet sind. Nach oben steht der Beutel weit offen.

Die Waben werden mit einem Messer zerschnitten und mit einem üblichen Kartoffelstampfer zu einem Honigbrei zerquetscht (siehe Tafel 4, Foto 1 und 2). Fallen größere Mengen an Honigwaben an, werden sie mit dem Messer vorzerkleinert und in einem Honigeimer und einem Honigrührer „Auf und Ab" zu einem gleichmäßigen Honigbrei verarbeitet.

Der Presssack wird dann zu etwa einem Drittel mit Wabenstücken oder besser Wabenbrei gefüllt und dann oben zusammengedreht und umgeschlagen. Ein weiterer Verschluss ist nicht notwendig. Deckel und Spindel werden aufgesetzt und Druck auf den Presssack gegeben. Die Spindel muss solange weiter angezogen werden, bis kein Honig mehr aus dem Presssack austritt.

Mein Tipp

Wenn Sie sehr viel Honig auf einmal pressen, erlaubt ein zweiter, seitlich versetzter Quetschhahn am Eimer kontinuierliches Arbeiten durch beide Abläufe abwechselnd.
Ist ein dritter Auslass in der oberen Hälfte angebracht, dient der Eimer auch noch als Honigsumpf. Kleine Schwebteile können sich bereits hier im Eimer absetzen.

Im Idealfall hat man also einen richtigen Verteilereimer mit drei Quetschhähnen: Zwei höher angebrachten, seitlich versetzten zum kontinuierlichen Arbeiten und einen bodennahen zum Ablassen und zum Abfüllen des Honigs in Gebrauchsgebinde wie Gläser, Honigeimer und so weiter.

> **Gut zu wissen**
> Während des Pressens kann der lose Pressdeckel in Schieflage kommen. Dann müssen Sie den Deckel lösen, den Presssack halb aus der Presse ziehen und den Inhalt wieder zusammenstauchen.

Durch den zähflüssigen Honig kommt es vor, dass der Deckel fest am Presssack klebt und sich so nur schwer abnehmen lässt. Deshalb ist es sinnvoll, einen Federring am Pressdeckel anzubringen. Eine entsprechende Öse war an meiner Kartoffelpresse bereits vorhanden. An diesem Ring kann der Deckel auch direkt an der Kartoffelpresse aufgehängt werden und damit wird das Umfeld nicht mit Honig bekleckert.

Nach dem Pressen erhalten Sie als Rest im besten Fall Wachsplatten, die Sie direkt ausschmelzen oder bis dahin einfrieren können. Bei großen Spindelpressen kann der Presskorb abgekippt werden. Der Wabenpresskuchen wird dann von unten mit einem Stockmeißel herausgelöst.

In ähnlicher Weise lassen sich auch andere Beerenpressen zur Honiggewinnung verwenden. Sie bestehen aus einem Dreibeinuntergestell, auf dem der Presskorb in einer runden Wanne mit Auslauf steht. Die Spindel ist entweder zentral unten am Bodenstück oder einem Bügel von oben angebracht. Edelstahl-Obstpressen mit einem Presskorb aus Lochblech arbeiten mit oder ohne Presssack. Ohne können sie ein größeres Volumen an Pressgut aufnehmen, weil ihr Korb kann fast vollständig mit Wabenmaterial aufgefüllt werden kann. Dadurch verteilt sich das Pressgut besser und die fest mit der Spindel verbundene Pressplatte verkantet nicht. Mit Presssack verlangsamt sich der Vorgang, aber das Auslösen des Pressrückstandes wird erleichtert, da sich das Wachs nicht in den Löchern des Siebkorbes verzahnt. Solche Pressen sind je nach Qualität bis zu zweieinhalbmal so teuer wie eine Thüringer Kartoffelpresse.

> **Mein Tipp**
> Um aus einem Siebkorb ohne Presssack den Pressrückstand herauszulösen, entnehmen Sie den ganzen Korb und stellen ihn schräg in einen Eimer oder eine Wanne. Dann drücken Sie das Wabenmaterial zum Beispiel mit einem Kartoffelstampfer nach unten aus dem Siebkorb heraus.

Über hydraulische und pneumatische Pressen bis hin zu kontinuierlich arbeitenden Spindelpressen (Separatoren) kennt die Leistungsfähigkeit der Pressen eigentlich kein Limit. Die Grenzen werden durch das Imkern in der Oberträgerbeute gesetzt.

Honig sieben

Ein Honigeimer mit Quetschhahn ermöglicht direktes Sieben während der Honiggewinnung, weil der Honig nur dort herauskommt, wo man auch ein Doppelsieb unterstellen kann. Der stockwarme Honig läuft besonders leicht durch das Sieb und durch den Presssack ist er bei der Thüringer Kartoffelpresse bereits gut vorgesiebt.

Idealerweise halten Sie ein zweites Sieb bereit, um das erste reinigen zu können, ohne den Pressvorgang zu unterbrechen. Besitzen Sie kein Doppelsieb oder möchten besonders fein gesiebten Honig, können Sie auch den Eimer mit eingelegtem Seihtuch verwenden, wie für die Herstellung von Seihhonig beschrieben. Durch einen Quetschhahn am unteren Ende kann der Eimer zwischenentleert werden.

> **Gut zu wissen**
> Hat sich ein Sieb mit feinen Wachsteilchen zugesetzt, dauert es lang, bis es leergelaufen ist und gereinigt werden kann. Damit es nicht überläuft, brauchen Sie also zwei Doppelsiebe und zwei Auffangeimer.

Gegenüber Kartoffelpressen mit Presssack und umgebendem Eimer mit Quetschhahn haben Edelstahlpressen mit Siebkorb ohne Presssack hier zwei Nachteile: Durch den Quetschhahn kann der Honigfluss jederzeit gestoppt werden, um ein Überlaufen des Siebes zu verhindern, und der Presssack hält die meisten Wachsteilchen bereits zurück, sodass das Sieb viel langsamer verstopft. Natürlich kann man eine Presse mit Siebkorb auch mit Presssack verwenden und einen Eimer mit Quetschhahn in die Abfüllkette einfügen.

Honig klären

Nach dem Pressen lässt man den Honig bei circa 21 °C in einem Honigeimer mit Quetschhahn zum Klären stehen. Die leichten Verunreinigungen steigen auf und setzen sich oben als Schaum auf dem Honig ab. Der Schaum wird mit Küchenkelle, Teigschaber oder am einfachsten mit einer Frischhaltefolie entfernt. Dazu breiten Sie ein Stück Folie über der Oberfläche des Honigs aus und ziehen es langsam wieder ab. Der Schaum bleibt an der Folie haften (siehe Tafel 5, Foto 3).

Den geklärten Honig können Sie sofort in Gläser oder 12,5-kg-Eimer füllen. Soll der Honig streichzart werden, ist es erforderlich, ihn mit einem Rührer oder einem Kantholzstab aus Hartholz zu rühren. Zuerst prüfen Sie den Honig täglich. Wenn graue Streifen auf der Oberfläche sichtbar werden, rühren Sie ihn jeden Tag mindestens 5 Minuten lang bis die Oberfläche perlmuttartig wirkt. Dann sollten Sie ihn sobald wie möglich in Gläser abfüllen. Der Kristallisationsvorgang kann durch „Impfen" weiter gesteuert werden. Hierzu mischen Sie den Honig mit 10 % Honig der gleichen Sorte, der bereits die angestrebte Kristallisationsstärke zeigt.

Honig verflüssigen

Ob Sie kristallisierten Honig verflüssigen oder Wachs flüssig halten wollen, ein Einkochautomat ist dafür immer die richtige Wahl. Einkochautomaten sind preisgünstig und schützen durch das Thermostat bei richtiger Einstellung den Honig vor Hitzeschäden und Wachs vor der hohen Brand- beziehungsweise Verpuffungsgefahr.

Wachskreisläufe

Ein Hauptargument für die Oberträgerbeute ist, dass Sie auf Mittelwände verzichten können. In Imkereien, die Mittelwände verwenden, wird ein Großteil des anfallenden Wachses dazu benötigt, die Mittelwände herzustellen.

> **Gut zu wissen**
> Früher wurde der Schaum als Imkerglück bezeichnet und zum Eigenverzehr genutzt.

> **Gut zu wissen**
> Um die Inhaltsstoffe zu schützen, sollte Honig so wenig wie möglich und sanft erwärmt werden, also auf nicht mehr als 42 °C eingestellt werden. Bei Wachs eignet sich eine Temperatureinstellung von rund 72 °C.

Mittleres Dilemma

Mittelwände sind gegossene oder gewalzte Wachsplatten aus Bienenwachs mit angedeuteten Arbeiterinnenzellen, selten auch Drohnenzellen, die vor Einhängen der Waben in das Bienenvolk in die Rähmchen eingepasst werden, damit die Bienen der Vorgabe folgen und nur einheitliche Arbeiterinnenzellen ausziehen.

Teilweise werden Mittelwände auch aus Kunststoff hergestellt. Sie müssen meist bewachst werden, um von den Bienen angenommen zu werden. Damit Bienenmedikamente nicht in den Honig gelangen, werden dazu meist wasserunlösliche Wirkstoffe verwendet. Diese sind dann häufig gut in Fett löslich und werden in Stoffen wie Wachs und auch Kunststoffen gebunden, aber nur langsam wieder freigegeben oder abgebaut. Viele dieser Stoffe haben zudem eine lange Haltbarkeit in der Umgebung, die Persistenz genannt wird.

Kunststoffmittelwände werden im Ganzen neu verwendet und teilweise zusätzlich wieder mit Wachs beschichtet, sodass sich alle nicht abgebauten Wirkstoffe langsam im Volk anreichern.

Um Belastung durch chemische Wirkstoffe zur Varroabekämpfung auszuschließen, die mit kleinen Wachspartikeln irgendwann doch in Honig, Bienen und Wachs landen, muss darauf gänzlich verzichtet und ein betriebseigener Wachskreislauf aufgebaut werden.

Ein Kauf von Bio-Mittelwänden oder Mittelwänden aus nachweislich unbelastetem Wachs ist für mich keine Lösung der Mittelwandproblematik, denn man verschiebt das Problem nur. Letztlich ist die Wahrscheinlichkeit groß, dass man am Ende Wachs aus afrikanischer Top-Bar-Hive-Bienenhaltung kauft und dieses dann bei der Umarbeitung in Mittelwände mit Rückständen aus einheimischen Wachs belastet, zumindest solange dieses nicht getrennt nach belastetem und unbelastetem Herkünften ausgewiesen wird. Statt unbelastetes Wachs aus anderen Teilen dieser Welt zuzukaufen, wäre es meiner Meinung nach sinnvoller, die eigenen Bienen entsprechend zu halten.

Wachsverwertung bei der Oberträgerbeute

Durch den Verzicht auf Mittelwände beim Imkern mit der Oberträgerbeute fließt sehr wenig Wachs zurück in die Bienenvölker. Dem gegenüber steht ein relativ hoher Wachsanfall durch die Gewinnung von Presshonig. Dieses Wachs bietet eine große Sicherheit in Bezug auf Belastungen durch fettlösliche Rückstände und wird meist zu Kerzen oder anderem verarbeitet. Das wenige Wachs, das ins Bienenvolk zurückfließt, dient zur:

- Herstellung von Anfangsstreifen oder zur Beschichtung von Oberträgern zur Lenkung des Bauverhaltens,
- gegebenenfalls zum Abdichten von Wabentaschen und Futtergeschirren,
- gegebenenfalls zur Herstellung von Weiselnäpfen, Futterbechern und Zusetzkapseln in der Königinnenzucht.

Auch wenn das wiederverwendete Wachs nur einen geringen Anteil des gesamten Wachses in einem Bienenvolk einnimmt, sollte doch möglichst auf eigenes oder unbelastetes Wachs zurückgegriffen werden. Voraussetzung ist, dass Wachs, wo immer es anfällt, gesammelt wird. Kleine Mengen, die nicht sofort verarbeitet werden können, lagern gut in der Gefriertruhe. So können Sie die Wachsarbeiten auf ruhige Tage außerhalb der Bienensaison legen.

Wachsgewinnung

Es gibt in der Imkerei verschiedene Methoden, Wachs zu schmelzen. Sie können zum Beispiel einen Sonnenwachsschmelzer kaufen oder selbst bauen. Allerdings ist es auch möglich, Wachs in kleinerem Rahmen zu gewinnen. Die älteste Methode ist wohl, Waben in heißem Wasser auszulassen und das Wachs abzuschöpfen.

Der Trester, die Rückstände aus Pollen, kann mit einem Sieb nach unten gedrückt werden. Trotzdem saugt sich bei dieser Nassschmelze der Trester voll Wachs, das nur durch Pressen zurückgewonnen werden kann.

Mit Wachsschmelzkiste und Wasserdampf

Besser ist die Schmelze mit Wasserdampf. Für Hobbyimker stehen heutzutage mit Dampfreinigern und Tapetenlösegeräten gleich mehrere Alternativen zur Auswahl. Ich habe beides bereits genutzt. Falls Sie keine andere Verwendung für einen Dampfreiniger haben, ist das Tapetenlösegerät günstiger in der Anschaffung. Zum Schmelzen werden die Waben oder Wachsteile zum Beispiel in eine selbst gebaute Kiste eingelegt oder eingestellt und über eine Öffnung im Deckel wird der Dampf eingeleitet.

Schmelzkisten aus Holz oder wasserfest verleimten Sperrholzplatten benötigen eine Innenbeschichtung aus lebensmittelgeeignetem Klarlack, damit sich das Material nicht wellt und aufweicht. Die Kiste sollte ausreichend hoch sein, um auch die Wachsreste aus Oberträgern ausschmelzen zu können.

Durch Bohrungen im Boden können Wachs und kondensiertes Wasser nach unten in eine konische Plastikwanne oder in eine Backform abfließen. Eine beschichtete Kastenform hat hierbei den Vorteil, dass das Wachs nicht anhaftet und durch die längliche Form lässt sich das Wachs wieder in einem schmalen Topf einschmelzen.

Gerade wenn man mehr Wachs schmelzen möchte, lohnt sich eine solche Wachsschmelzkiste, da sie ohne Unterbrechungen mehrfach aufgefüllt werden kann. Damit dies sauber funktioniert, sollte das Innenvolumen nicht zu groß gewählt werden. Mit einem Fassungsvermögen von etwa sechs Waben habe ich gute Erfahrungen gemacht.

Wachsreste und gesammeltes Wachs, das bei der Bearbeitung der Bienenvölker anfällt, gebe ich in einen Siebeinsatz aus einem Spargel- oder Nudeltopf, den ich in die Kiste einstelle.

> **Gut zu wissen**
> Wachsreste und gesammeltes Wachs aus der Bearbeitung der Bienenvölker gebe ich in einen Siebeinsatz aus einem Spargel- oder Nudeltopf, den ich in die Schmelzkiste einstelle. Nach dem Schmelzvorgang sollte der Trester noch warm entfernt werden, weil er sich dann leicht lösen lässt.

Methode mit dem Bratschlauch

Da meine Schmelzkiste nicht ausreichend hoch für aufrecht gestellte Oberträger ist, habe ich eine andere, technisch minimalistische Methode entwickelt: Dampfwachsschmelzen im Bratschlauch. Er kann mehrfach verwendet werden, braucht kaum Platz für die Aufbewahrung und stellt so eine angepasste Variante der Wachsgewinnung dar.

Indem ich ein Bündel Oberträger in einem Bratschlauch unterbringe, schmelze ich das Wachs aus den Nuten aus. Unten wird der Beutel um einen Stahlputzschwamm herum zusammengebunden, der als unterer Auslass und Grobfilter dient. Oben wird der Dampfschlauch eingeführt und der Bratschlauch mit einem Draht umwickelt, der zugleich als Verschluss und Aufhängung dient (siehe Tafel 5, Foto 4). Den Beutel hänge ich dann im Freien (!) am Dreibein des Schwenkgrills oder Gulaschkessels über einem geeigneten Auffangefäß auf und schmelze das Wachs unter Dampfzufuhr ein.

Im Bratschlauch können auch zerkleinerte Waben oder Wachsreste ausgeschmolzen werden und zwar im damit gefüllten Drahtinnenkorb des Spargel- oder Nudeltopfes. Der Topf, aus dem der Gitterkorbeinsatz stammt, kommt als Auffanggefäß mit etwas Wasser während der Dampfzufuhr unter den Bratschlauch. Dann ist es später auch ganz einfach, das Wachs im Wasserbad wieder zu schmelzen.

Wachs klären in der Kochkiste

Nach dem Schmelzen sollte das Wachs geklärt werden. Dies kann durch Aufheizen in einem Wärmeschrank, im Wasserbad in einem Einkochautomaten oder durch eine isolierende Umhüllung des Wachsgefäßes erfolgen.

Nachdem man das Mittagessen zum Garen nicht mehr tagsüber ins Bett unter die Daunendecke stecken wollte, entwickelte man hierzu die Kochkiste. Eine solche Kiste habe ich mir zum Klären des Honigs aus Styrodurresten und Holzleisten gebastelt.

Wiederverwendung des Wachses

Der nach dem Klären ausgehärtete Wachsblock wird gestürzt und anschließend wird der Bodensatz, das ist der Schmutz in Form von Sedimenten, mit dem Stockmeißel abgezogen. Dieser Vorgang kann mehrfach wiederholt werden. Ein Bleichen mit Sonnenlicht oder Zitronensäure sollte nur nötig sein, wenn es der spätere Verwendungszweck des Wachses verlangt.

Ein Teil des Wachses wird zur Vorbereitung der Oberträger benötigt. Hierzu gibt es jede Menge anderer Methoden, die hier nicht alle dargestellt werden sollen (siehe auch Seite 69), und zwei bewährte Grundvarianten. Entweder wird eine dreieckige Leiste oder ein Grat, meist aus Holz, unten am Rähmchen angefügt oder ausgearbeitet. Ein solcher Grat wird dann mit flüssigem Wachs bestrichen. Bei der zweiten Methode wird ein Starterstreifen aus Wachs, ähnlich einem Anfangsstreifen mit flüssigem Wachs in die untere Nut des Oberträgers eingeklebt. Beide Varianten bieten den bauenden Bienen Orientierung.

Starterstreifen herstellen

- Dazu schmelzen Sie Wachs in einem Topf oder hohen Glas und halten es bei etwa 72 °Celsius auf Temperatur. Dies funktioniert sehr einfach in einem Einkochautomaten.
- In den Einkochautomaten stellen Sie gleich noch ein weiteres Gefäß zum Schmelzen der anfallenden Wachsreste und zur Bereitstellung von flüssigem Wachs für die Befestigung der Starterstreifen.
- Tauchen Sie wie beim Ziehen von Kerzen oder Weiselnäpfen eine Holzleiste mit einem Querschnitt von circa 10 x 20 mm wiederholt ins flüssige Wachs. Achtung, die Holzleiste vor der Verwendung eine Nacht lang in Wasser einlegen!
- Nach jedem Tauchen lassen Sie das flüssige Wachs wieder ablaufen, beispielsweise in einem 12,5-kg-Honigeimer. Durch das große Wasservolumen hält der Kühleffekt lange an.
- Wiederholen Sie den Vorgang wird etwa achtmal, bis sich ein entsprechender Wachsüberzug auf der Holzleiste gebildet hat (siehe Tafel 6, Foto 1).
- Anschließend schaben Sie mit einer Klinge die Wachsschicht an den Schmalseiten der Leiste schnell wieder ab und tauchen die bewachste Leiste anschließend in kaltes Wasser.

> **Gut zu wissen**
> Falls Sie noch kein eigenes Wachs haben, müssen Sie es zukaufen oder fertige Mittelwände in Anfangsstreifen schneiden oder einschmelzen. Im Sinne des sonstigen Vorgehens sollte rückstandsarmes oder ökologisches Wachs verwendet werden.

- Die breiten Seiten bilden die Anfangsstreifen. Sie lassen sich leicht mit der Hand von der Leiste lösen. Nach dem Aushärten auf einem Stück Küchenrolle sind die Streifen fertig.
- Vor dem erneuten Eintunken in das Wachs wird die Leiste wieder ins Wasser getaucht.

Diese Streifen legen Sie in die umgedrehten Oberträger ein, in der Regel zweieinhalb Stück je Oberträger. Um die Wachsstreifen zu befestigen, ziehen Sie flüssiges Wachs mit einer 20 ml-Einwegspritze auf und pressen es in die Nut des Oberträgers (siehe Tafel 6, Foto 2).

Andere Bienenprodukte

Generell wäre es möglich, alle Produkte und imkerliche Dienstleistungen mithilfe der Oberträgerbeute zu erzielen. Im Vordergrund stehen bei uns neben Honig auch Bestäubungsleistung sowie Freizeitgestaltung und Ausgleich.

In anderen Ländern kämen Wachs und Zuchtmaterial sowie Bienenbrut zur menschlichen Ernährung hinzu. In Regionen mit ständiger Eiweißunterversorgung, zum Beispiel in Südostasien, kann Pollen einen wichtigen Beitrag zur Ergänzung der Eiweißversorgung leisten. Dabei wird die aufwendige Konservierung umgangen, indem der Pollen meistens direkt verzehrt wird. Um das Potenzial auszuschöpfen, müsste die Bienenhaltung und Pollengewinnung jedoch noch weiter verstärkt werden.

Die Gewinnung von Bienengift wäre möglich und in Zukunft werden Bienen möglicherweise vermehrt als sogenannte Vektor-Applikatoren im Pflanzenschutz eingesetzt, um positiv wirkende Mikroorganismen auf Blüten zu verteilen.

Immer wichtiger wird bereits die Bedeutung von Bienen als Indikatoren für Umweltgifte, Gefahrstoffe oder Bodenschätze, denn sie sammeln Spuren dieser Stoffe mit Nektar und Pollen. Es ist weit einfacher, Bienenvölker zu untersuchen als ganze Gebiete technisch zu analysieren.

Kittharz

Dieses Schutzstoff der Bienen, auch Propolis genannt, fällt beim Sauberkratzen der Oberträger an. Zur Gewinnung von Kittharz in der Oberträgerbeute müssten spezielle Kunststoffgitter eingepasst werden, beispielsweise wie die Absperrgitter in die Schiede.

Pollen

Pollengewinnung mit der Oberträgerbeute spielt bei uns bisher keine Rolle. Bei anderen Beutensystemen wird er mithilfe von Pollenfallen gewonnen. Bei der Oberträgerbeute müssten diese vor die geöffneten Fluglöcher gesetzt werden. Bei der Bewirtschaftung im Warmbau würden sich die Pollenfallen nicht von den Modellen unterscheiden, bei denen sie wie sie beim Magazin vor den Fluglöchern angebracht werden. Im Kaltbau bliebe das Bauprinzip erhalten, doch es wäre eine Anpassung an die Bauform erforderlich.

Service

Glossar

Begriff	Verwendung im Buch	Synonym, englischer Begriff
Ableger	Aus einem oder mehreren Völkern gebildetes neues Volk.	Nucleus
Abräumen	Letzte Honigernte unter Wegnahme des Honigraums.	Abernten
Absperrgitter	Gitter aus Metall, Kunststoff oder Holz, das Arbeiterinnen passieren können, das Bienenköniginnen und Drohnen jedoch wegen ihres größeren Brustumfangs zurückhält.	Gitter
Abstandsleisten	Der allgemeine Begriff wird für Leisten neben oder zwischen Oberträgern verwendet, die zum Ausgleich zum Beutenrand oder zur Verbreiterung der Oberträger dienen. Durch ihren Einsatz können auch Wabengassen geöffnet werden, ohne die Oberträger zu bewegen, was im Rahmen von Oxalsäurebehandlungen sinnvoll sein kann.	Spacer
Alte	Respektvoll, familiäre Bezeichnung der Imker für die Königin.	Weisel, Königin, Stockmutter, queen
Auffüttern	Verfüttern von Zucker oder Honig zum Aufbau von Winterreserven.	
Auflösen	Verteilen eines Volkes auf ein oder mehrere Nachbarvölker.	Abfegen
Ausziehen	1. Verlassen der Beute durch die Bienen als Schwarm (ein Vermehrungsschwarm zieht meist an sonnigen Tagen gegen 14.00 Uhr aus; ein Schwarm, dem eine Beute nicht gefällt, in die der Imker den Schwarm eingeschlagen hat, zieht als Gesamtheit aus.)	schwärmen, Vorschwarm
	2. Das Ausbauen von Waben von oben nach unten, wenn nur ein Anfangsstreifen oder eine bewachste Oberträgerkante als Ausgangspunkt dient.	Ausbau
	3. Aufbau von Wabenzellen auf einer geprägten Mittelwand zur Wabengasse hin beziehungsweise Verlängerung von Honigzellen im oberen Wabenbereich.	Ausbau
	4. Erweiterung von einzelnen Arbeiterinnenzellen zu Weiselzellen oder Drohnenzellen.	Drohnenbrut, Buckelbrut
Begattungskästchen	Besonders kleiner, gut isolierter und leicht zu transportierender Bienenkasten für die Königinnenzucht.	

Glossar

Begriff	Verwendung im Buch	Synonym, englischer Begriff
Bestäubung	Befruchtung bei Pflanzen durch Verbringen von männlichem Pollen (Blütenstaub) auf eine weibliche Narbe.	pollination
Betriebsweise	Der Managementplan einer Imkerei. Er sollte vor allem Trachtverhältnisse, imkerliche Arbeiten im Jahreslauf enthalten.	Arbeitsweise, Völkerführung
Beute	Vom Menschen hergestellte Behausung für Bienen.	hive
Bien	Imkerliche Bezeichnung für ein Bienenvolk als Superorganismus. Diesem liegt die Erkenntnis zugrunde, dass ein Bienenvolk insgesamt wie ein Organismus funktioniert, bei dem im Verbund Leistungen vollbracht werden wie im Körper höherer Lebewesen. Bienenvölker sind beschränkt gleichwarm, können komplexe Entscheidungen zum Beispiel zur Wohnungssuche oder durch die Drohnenaufzucht zur Fortpflanzung treffen.	Bienenvolk, Colony
Bienenkiste	Bienenkasten im Stil einer vergrößerten traditionellen Bauernbeute ohne frei bewegliche Rähmchen. Die Bearbeitung erfolgt von unten nachdem der Kasten umgedreht wurde.	
Brut	Nicht erwachsene Entwicklungsstadien der Biene.	Ei, Larve (Rundmade, Streckmade), Puppe
Brutableger	Teil aus einem Volk mit Brutwaben.	Ableger
Brutkrankheiten	Krankheiten der offenen oder geschlossenen Brut. Viele Krankheiten betreffen nur die Brut. Von der Varroamilbe werden Brut und erwachsene Bienen geschädigt.	
Deckelwachs	Wachs, das beim Öffnen von Honigwaben zur Honiggewinnung anfällt.	
Drohn	Männliche Biene. Drohnen verfügen als biologische Besonderheit nur über einen einfachen (haploiden) Chromosomensatz, dies bedeutet, dass sie genetisch Klone der eigenen Mutter sind. Dies kann bei der Zucht eine Rolle spielen.	Männchen
Drohnenbrütigkeit	Fehlt längere Zeit eine Königin, fangen einzelne Arbeiterinnen an Eier zu legen. Daraus können nur Drohnen werden. Ähnliches geschieht bei Königinnen, die die Eier nicht ausreichend befruchten können (Begattungsfehler, Krankheit). Drohnenbrut zeigt sich durch mehrfache Eiablage an der Zellenseitenwand, da der Hinterleib der Arbeiterinnen nicht bis zum Zellboden reicht sowie an einzelnen hervorstehenden Drohnenzellen, die aus Arbeiterinnenzellen verlängert (ausgezogen) wurden. Buckelbrut kann aber auch auf einem Fehler der Königin beruhen.	hoffnungslos weisellos, Buckelbrütigkeit

Begriff	Verwendung im Buch	Synonym, englischer Begriff
Drohnenschlacht	Zum Ende des Sommer werden die Drohnen von den Arbeiterinnen nicht mehr gebraucht. Sie werden nicht mehr gefüttert und mit Gewalt aus den Völkern getrieben. Da sie sich allein weder ernähren noch im Freien überwintern können, gehen sie vor den Bienenvölkern zugrunde, wenn sie nicht sogar abgestochen werden.	
Einheitsglas	Markenrechtlich geschütztes Honigglas des Deutschen Imkerbundes.	
Entdecklungsgeschirr	Vorrichtung zum Öffnen der Zelldeckel von Honigwaben.	
Faktorenseuche	Erkrankungen, die infolge von schlechten Bedingungen auftreten, aber häufig ständig unmerklich vorhanden (latent) sind. Häufig durch schlechte Beuten, Standorte, Witterung, Trachten oder imkerliche Fehler ausgelöst.	Haltungsbedingte Erkrankungen
Ferulabeute	Traditionelle Röhrenbeute aus den Stielen des Riesenfenchels auf Sizilien.	Sizilianische Röhrenbeute
Flugloch	Beuten haben vom Imker vorgesehene Öffnungen, die die Bienen als Ein- und Ausgang nutzen. Ein Flugloch kann zum Beispiel aus einem breiten Schlitz bestehen oder typisch für die Oberträgerbeute einer Anordnung einzelner kleiner Öffnungen bestehen.	
Futtergeschirr	Vorrichtungen zur Fütterung der Bienen mit flüssigem oder teigförmigem Futter. Die Futtergeschirre sollen das Futter aufnehmen, bereitstellen und vor Verunreinigung und Austrocknung schützen. Der Zugang zum Futter muss so gestaltet sein, dass die Bienen nicht im Futter umkommen. Die Gefäße müssen leicht zu reinigen oder nur einmalig verwendbar sein.	
Futtersaft	Sekret der Kopfdrüsen der Arbeiterinnen zur Fütterung der Brut und Königin.	Gelée Royal
Genmanipulation	Maßnahmen auf molekularer Ebene, die eine Verbesserung der Erbanlagen herbeiführen sollen.	Gentechnische Veränderung, moderne Techniken der Biotechnologie, GM
Geschlossene Brut	Ältere Brut, bereits mit einem Deckel verschlossen. Durch den starken Stoffwechsel gibt die verdeckelte Brut Wärme ab und kann auch zur Volksverstärkung verwendet werden.	
Golzbeute	Lagerbeute mit dem Honigraum hinter dem Brutraum.	Längslagerbeute

Begriff	Verwendung im Buch	Synonym, englischer Begriff
Griechischer Bienenkorb	Nach oben offene Bienenbehausung aus Flechtwerk oder Ton. Die Waben hängen an Stäben und können einzeln entnommen werden.	Makedonischer oder mazedonischer Bienenkorb
Honig	Haltbare von den Bienen enzymatisch hergestellte hochkonzentrierte Zuckerlösung aus Nektar (Blütensaft) oder anderen Pflanzensäften.	honey
Honigmagen	Kropfartiger Vormagen zur Nektar- und Honigspeicherung in der Biene.	Honigblase
Honigtau	Von Blattläusen und anderen an Pflanzen saugenden Insekten ausgeschiedener zuckerhaltiger Pflanzensaft. Wird von Bienen zu Waldhonig verarbeitet.	
Hornisse	Große geschützte Wespenart.	
Horizontal Finisher	Die Königinnenzucht ist ein mehrstufiges Verfahren, das in einem oder mehreren verschiedenen, speziellen Bienenkästen betrieben werden kann. Bei der Aufteilung auf verschiedene Völker beginnt man mit einem weisellosen Volk, auch Starter genannt, das aus wenigen Waben und Weiselzellen besteht und wegen der fehlenden Königin gern die vom Imker gegebene Königinnenzellen annimmt. Die weitere Pflege übernimmt ein Pflegevolk. In dieses muss zur Pflege und Kontrolle häufig eingegriffen werden. Dabei werden zur Arbeitsvereinfachung Waben, Königinnen und Fütterungseinrichtungen auf einer Ebene nebeneinander angeordnet. Eine Beute mit einer solchen Anordnung wird als Horizontalbeute, ein Pflegevolk als Finisher und das System zusammen als Horizontal Finisher bezeichnet.	
Hygiene	Alle Maßnahmen und Strukturen, die zur Gesunderhaltung dienen. Zum Beispiel: Ordnung, Sauberkeit, Desinfektion und anderes.	
Imker	Person, die Bienen hält. Dabei streben die meisten einen zusätzlichen Nutzen an, etwa die Gewinnung von Honig, Wachs, Kittharz, Bienengift oder Bienen. Manche Imker wollen damit auch einen einen Beitrag zur Umwelt leisten oder einen Erholungswert erreichen. Weniger Bedeutung hat heute die Einteilung in Berufsimker, die ihr Einkommen maßgeblich aus der Imkerei beziehen sowie Nebenerwerbs- und Freizeitimkern. Nebenerwerbsimker erzielen einen maßgeblichen Anteil ihres Einkommens aus der Imkerei. Freizeitimker halten Bienen in geringem Umfang ohne nennenswertes Einkommen aus der Imkerei.	Bienenhalter, Bienenzüchter, Beekeeper

Begriff	Verwendung im Buch	Synonym, englischer Begriff
Imkerei	– Tätigkeit der Bienenhaltung. – Organisationseinheit (z. B. Person, Firma, Institut, gemeinnützige Einrichtung), die Bienenhaltung betreibt. – Gebäude oder Gebäudekomplex, dessen Hauptfunktion dem Imkern gilt.	
Kaltbau	Wabenanordnung längs zum Flugloch.	
Kastenstülper	Bienenkasten aus Brettern ohne Raumteilung, nach unten offen.	
Kumasi	Universitätsstadt in Ghana, beschreibt Variante der Kenianischen Oberträgerbeute, die von der FAO veröffentlicht wurde.	
Künstliche Königinnenzucht	Vom Imker gesteuerte und kontrollierte Vermehrung von Königinnen. Dies kann mit der Züchtung verbunden sein, sich aber auch auf eine einfache Vermehrung von Königinnen beschränken. Sind die Königinnen zum Einsatz in der Imkerei nicht zur Weiterzucht bestimmt, spricht man auch von Gebrauchszüchtung.	
Kunstschwarm	Bienenvolk, das vom Imker ohne Waben gebildet wird, ohne dass sich das Bienenvolk selbst teilt.	
Lagerbeute	Bienenkasten mit neben- oder hintereinanderliegendem Honigraum.	
Liegekorb	Röhrenbeute aus Stroh.	
Magazin	Standardbeutensystem aus stapelbaren Zargen (Etagen), Boden und Deckel.	
Massentracht	Anfall von sehr viel Nektar gleicher Art in einem kurzen Zeitraum wie Raps, Robinie und andere. Das Gegenteil beschreiben Imker als Läppertracht.	
Mittelwand	Gepresste oder gegossene Wachsplatte mit angedeuteten Zellböden.	
Mittelwandstreifen	Aus einer Mittelwand geschnittene Starterstreifen.	
Nektar	Von Pflanzen abgesonderter zuckerhaltiger Saft als Belohnung oder Lockmittel für die Bestäubung.	
Oberträger	Oberer Teil eines Rähmchens oder Holzleiste, an der die Bienen Waben nach unten anbauen.	top bar
Offene Brut	Junge Bienenlarven, deren Zellen noch nicht verdeckelt wurden. Müssen vom Volk gepflegt werden.	
Pollenhöschen	Transporteinrichtung der Bienen an den Hinterbeinen für Pollen.	

Glossar

Begriff	Verwendung im Buch	Synonym, englischer Begriff
Prophylaxe	Vorbeugende Behandlung.	
Rähmchen	Holzrahmen, mit dem eine eingebaute Wabe frei bewegt werden kann.	frame
Randwabe	Nächste Wabe zur Außenwand.	
Räuberei	Gegenseitiges Berauben und Bekämpfen von Bienenvölkern.	
Röhrenbeute	Liegender Hohlkörper als Bienenwohnung aus Ton, Rinde oder Stroh, der sich meist von unten oder der Stirnseite zur Bearbeitung öffnen lässt.	
Schleudern	Gewinnung von Honig mittels einer Honigzentrifuge.	
Schwarm	Der Bien in seiner Wanderform. Wird der Schwarm vom Imker durch Entnahme (Abkehren, Bienenflucht) oder Austreiben (Treibling, Abtrommeln) gebildet, spricht man von einem Kunstschwarm.	
Schwarmstimmung	Reize im Bienenvolk (Platznot, Trachtlosigkeit, Tageslichtlänge etc.), die Vermehrungsverhalten auslösen, das zur Aufzucht von Bienenköniginnen und Drohnen, Verringerung der Sammelaktivität, Fütterung und Legeaktivität und schließlich auf Auszug eines Schwarmes hinwirkt. Schwarmstimmung beschreibt den natürlichen Wechsel zwischen Wachstum und Vermehrung und kann nur durch massive Einschnitte oder Ausleben des Schwarmereignisses wieder beendet werden.	
sich stechen	Bezeichnung eines Bienenstichs, der durch die Handhabung des Imkers ausgelöst wird. Insbesondere durch Quetschen von Bienen mit der Hand, wenn man Waben oder Bienen greift.	
Smoker	Raucherzeuger mit Blasebalg und Brennkammer.	Rauchbläser
Solitäre Bienen	Bienen, die nicht in Staaten leben und bei denen die Weibchen einzelne Brutzellen anlegen.	Wildbienen
Spättrachtlücke	Auf industrialisierten, flurbereinigten und artenarmen landwirtschaftlichen Fläche (Agrarsteppe) fehlen vor allem spätblühende Trachtpflanzen, sodass die Bienen nur wenig oder minderwertige Bienenweiden im Spätsommer finden.	
Standimker	Imker, die nur an wenigen oder sogar einem Standort ihre Bienen ohne Wandern halten.	

Begriff	Verwendung im Buch	Synonym, englischer Begriff
Standbegattung	Freie Paarung der Königinnen am Standort der Völker durch freien Ausflug im Gegensatz zu Belegstelle oder künstlicher Besamung. Bei Standbegattung ist die Auswahl der Drohnen kaum beeinflussbar. Bei der Belegstelle gibt es im Ausflugsbereich der Königinnen nur ausgesuchte Vatervölker. Bei künstlicher Besamung wird Sperma ausgewählter Drohnen mit einer Pipette direkt in die Königin verbracht.	
Starterstreifen	Schmaler Wachsstreifen als Bauorientierung für Bienen an Oberträgern oder in Rähmchen.	
Stock	Einheit aus Beute und Bienenvolk.	
Stockmutter	Königin	
Tracht	Fachbegriff für die Bienenweide aus Nektar, Honigtau und Pollen.	
Treibling	Ableger durch Bienen, die in einen Raum mit oder ohne Waben, aus ihrer Beute getrieben wurden. (Treiben kann man mit Rauch, Trommeln mit Fingern oder Stöckchen.)	
Vandalismus	Mutwillige Zerstörungen fremden Eigentums aus Hass, Missgunst oder als Mutprobe.	
Varroa, Milbenbefall	Durch die Saugtätigkeit der Varroamilben werden neben den Schäden durch den Verlust an Hämolymphe auch krankheitserregende Viren übertragen und geschwächte Völker können das Hygieneverhalten zur Einschränkung von Brutkrankheiten nicht aufrechterhalten.	
Varroamilbe	Bienenparasitische Milbe, die verdeckelte Brut und erwachsene Bienen befällt.	
Verbrausen	Überhitzung, eingesperrte Völker versuchen durch Luftaustausch für Kühlung zu sorgen. Ist der Luftaustausch durch fehlende Öffnungen beschränkt, erzeugen die Bienen beim Fächeln mit ihren Flügeln soviel Eigenwärme, dass die Waben schmelzen und zusammensinken.	
Volk	Bienenvolk entspricht dem Bien, wird insbesondere in der Mehrzahl benutzt, da es von Bien keine eindeutige Mehrzahl gibt.	Bienenvolk, Colony
Wabenbock	Einrichtung zum Abstellen oder Aufhängen von aus dem Volk entnommener Waben.	

Begriff	Verwendung im Buch	Synonym, englischer Begriff
Wabentasche	Spezielle Wabe, die entweder verkleidet wurde, um als Futtergeschirr zu dienen, das in die Beute gleich einer Wabe eingehängt werden kann, oder eine Umkleidung aus Absperrgitter, um die Königin auf einer oder wenigen Waben einzusperren.	
Wachsbrücke	Wachssteg zwischen Waben und Seitenwänden oder anderen Waben.	
Wachskreislauf	Wachs, das innerhalb der Imkerei gewonnen und wieder in die Bienenvölker gebracht wird.	
Wandern	Verstellen von Bienenvölkern an einen anderen Standort.	
Warmbau	Wabenanordnung quer zum Flugloch.	
Warrébeute	Schmales Magazin mit beweglichen Zargen, dass grundsätzlich ohne Rähmchen bewirtschaftet wird. Nach dem Entwickler Abbé E. Warré (1948).	
Weisellosigkeit	Volk ohne Königin.	
Weiselzellen	Brutzellen, in denen Königinnen aufgezogen werden.	
Winterfestigkeit	Fähigkeit eines Bienenvolkes lange und kalte Winter zu überleben. Früher war auch der dazu nötige Futterbedarf und Art des geeigneten Futters (Heidehonig) von Belang. Heute geht es auch um die Volksstärke im zeitigen Frühjahr.	
Zarge	Oben und unten offener, stapelbarer und kastenförmiger Teil eines modularen Bienenkastens.	
Zehrweg	Im Winter bilden die Bienen einen geschlossenen Verband über mehrere Waben hinweg und ziehen, möglichst ohne die Wabe wechseln zu müssen, vom Flugloch in Richtung des noch vorhanden Futters in den verdeckelten Futterwaben.	
Zucht	Durch Selektion und gezielte Anpaarung angestrebte Verbesserung der Erbeigenschaften. Das erwünschte Ergebnis wird als Zuchtziel bezeichnet. Fachlich nicht korrekt, trotzdem häufig wird der Begriff Zucht im allgemeinen Umgang auch für die Gesamtheit aus Haltung, Vermehrung und Mast von Tieren verwendet.	Züchtung, Breeding
Zuchtstopfen	Holzstopfen, auf dem eine künstliche Königinnenzelle befestigt wird. Mit dem Zuchtstopfen kann die Zelle bewegt und in einen bienendichten Schutzkäfig (Schlupf- oder Weiselkäfig) eingesetzt werden.	

Literatur

Adjare, S.O. (1990): Beekeeping in Africa. FAO Agricultural Services Bulletin 68/6 Food and Agriculture Organisation of the United Nations Rome, www.fao.org/docrep/t0104e/t0104e00.htm

Chandler, P.J. (2010): The Barefoot Beekeeper. lulu.com

Gekeler, W. (2013): Honigbienenhaltung. 2. Auflage, Verlag Eugen Ulmer, Stuttgart.

Golz, W. (1977): Praktische Imkertips. Broschüre IV, Zeidelverlag (Selbstverlag)

Hemenway, C. (2013): Thinking Beekeeper, New Society Publishers, Canada.

Kohfink, M.-W.(2010): Bienen halten in der Stadt. Verlag Eugen Ulmer, Stuttgart.

LWG Bienen, Bayerische Landesanstalt für Wein- und Gartenbau, Top Bar Hive, http://www.lwg.bayern.de/bienen/info/haltung/27045/

Pohl, F. (2013): Bienenkiste Korb und Einfachbeuten: Naturnah und erfolgreich imkern. Franckh Kosmos Verlag, Stuttgart.

Ritter, W. (2012): Bienen gesund erhalten. Verlag Eugen Ulmer, Stuttgart.

Schundau, W. (1983): So imkern wir in der Segeberger Kunststoffmagazinbeute. Vergriffen, antiquarisch

von Orlow, M. (2013): Natürlich imkern in der Großraumbeute. Verlag Eugen Ulmer, Stuttgart.

Internet

Information
http://www.backyardhive.com/Articles_on_Beekeeping/Features/A_Simple_Harvest/

Foren
www.beesfordevelopment.org
www.biobees.com
www.immenfreunde.de
www.imkerforum.de

Zeitschriften

Die Biene
 Überregionale Fachzeitschrift für Imker, erscheint monatlich unter dem Dach der ADIZ, Allgemeine Deutsche Imkerzeitung Deutscher Landwirtschaftsverlag GmbH, Berlin, www.dlv.de

Bezugsquellen

http://www.holtermann-shop.de
http://www.oekobeute.de
http://www.seber-lang.de

Bildquellen

Das Titelfoto und alle Fotos auf den Tafeln stammen vom Autor.
Die Zeichnungen fertigte Helmuth Flubacher, Waiblingen, nach Vorlagen des Autors.

Der Verlag Eugen Ulmer ist nicht für den Inhalt der im Buch genannten Websites verantwortlich.

Register

A

Abfegen 29, 101
Ableger 95, 112
Abräumen 112
Abschlagen 29
Absperrgitter 19, 31, 95, 101, 112
Abstandsleisten 19, 80, 94, 112
Abstoßen 29
Afrika 9
Aggregationspheromon 51
Aggressionspheromon 51
Alarmpheromon 51
Ameisen 56
Ameisensäure 56
Anfangsstreifen 108
Anstrich 94
Arbeiterinnenbrut 16
Arbeitshöhe 75
artgemäß 10, 12
Auffüttern 69, 112
Auffütterung 30
Aufhängung 76
Auflösen 112
Aufstellung 74
Auswinterung 30
Ausziehen 112

B

Befallsabschätzung 56
Begattungskästchen 68, 112
Belegstelle 118
Bestäubung 8, 113
Betriebsweise 113
Beute 113
Bien 113
Biene, europäische 53
Bienenabstand 94, 97
Bienenbesen 101
Bienenflucht 95, 100
Bienenkiste 8, 113
Bienenkorb, griechischer 115
Bienenkrankheiten 69
Bienenmedikamente 100, 107
Bienenrampe 101
Bienen, solitäre 117
Biologisch 10
Bio-Mittelwände 108

Blechdeckel 90
Bleichen, Wachs 110
Boden 91
Bodenbrett 91
Bodenreinigung 38
Bodenschüttung 96
Botulismus 100
Brut 113
Brutableger 113
Brut, geschlossene 114
Brutkrankheiten 41, 55, 113
Brutnest 17
Brut, offene 116
Brutpause 44
Brutstadien 36
BT-Präparate 78
Buckelbrütigkeit 51, 113

C

Carnica 53

D

Dach 90
Deckbrettchen 23
Deckelwachs 113
Deckfolie 97
Dickrähmchen 19
Drohn 113
Drohnen 18, 41, 64
Drohnenbrütigkeit 41, 113
Drohnenbrut schneiden 43
Drohnenschlacht 114
Duftleitsystem 82
Durchsicht 33

E

Eiablage 63
Einengen 95
Einfachbeute 8
Einfliegen 81
Einheitsglas 114
Entdecklungsgeschirr 114
Erstarkungsbetriebsweise 54
Erweiterung 96
extensiv 10, 12

F

Faktorenseuche 114
Faulbrut 69

Fegling 48
Ferulabeute 114
Flugling 45
Flugloch 114
Fluglochanordnung 19, 93, 100
Fluglochbeobachtungen 33
Freizeitimker 9
Fugenkratzer 78
Futtergeschirr 95, 114
Futterkranz 20
Futtermangel 41, 42
Futterraum 95, 97
Futtersaft 114
Futterteig 71

G
Gabelhacke 38
ganzheitlich 10
Gebrauchszüchtung 116
Genmanipulation 114
Gesundheitszeugnis 43
Giftpflanzen 100
Golz, 2x9-Methode 50
Golzbeute 16, 114
Großraumbeute 31

H
Handhabung, Waben 26
Heideimkerei 54
Hochzeitsflug 63
Honig 99, 115
Honigernte 101
Honiggewinnung 30, 102
Honiglagerung 99
Honigmagen 115
Honigräume 96
Honigreife 102
Honigschleuder 103
Honigsieb 103
Honigtau 115
Honigzarge 96
Horizontal Finisher 115
Hornissen 41, 115
Hygiene 99, 115

I
Imker 115
Imkeranzug 51
Imkerei 116

Imkerkleidung 26
Impfen, Honig 107

J
Jungfernwaben 99

K
kahl fliegen 101
Kalkbrut 64
Kaltbau 19, 93, 111, 116
Kastenstülper 116
Kauf, Bienenvölker 43
Kittharz 111
Klären, Honig 107
Klären, Wachs 110
Kleinstableger 68
Kochkiste 110
Königin 36, 40
Königinnenpheromon 51, 85
Königinnenzucht 116
Konstruktionsvarianten 91
Kontrolle 41
Krainer Biene 53
Krankheitsanzeichen 36, 55
Kumasi 116
künstlich 10
künstliche Besamung 118
Kunstschwarm 31, 43, 116, 117

L
Lagerbeute 116
Langzeitverdunster 59
Lavendel-Rauchmischung 80
lebensmittelgeeignet 69, 100, 109
Liegekorb 116
Luftaustausch 96
Luftfeuchtigkeit 96
Lüneburger Stülper 21, 55

M
Magazin 16, 21, 116
Magazinbeute 8
Massentracht 116
Mäusegitter 71
Mellifera 53
Messermethode 102
Milchsäure 58
Millerkäfig 67
Mittelwand 116

Mittelwände 107
Mittelwandstreifen 116
Mobilbau 22, 55

N
nachhaltig 10, 12
Nachschaffung 50
Natur 10
naturgemäß 10, 11
natürlich 10, 11
naturnah 11
Naturwabenbau 22
Nektar 116

O
Oberträger 89, 116
Oberträgerbeute 11
Oberträgerbeute, kenianische 16
ökologisch 10
Öko-Unterboden 96
Ölwindel 57
Organische Säuren 58
Oxalsäure 59

P
Pfähle setzen 75
Plattenpresse 105
Pollen 99
Pollenfalle 111
Pollenhöschen 116
Presshonig 103
Presssack 105
Prophylaxe 117
Propolis 111
Puderzuckermethode 57

R
Rähmchen 16, 117
Rampe 40, 95
Randwabe 117
Räuberei 71, 104, 117
Rauchgabe 34
Rauchmaterialien 79
Raumanpassung 94
Raumordnung, natürliche 18
Reservevölker 44
Rettungskapsel 85
Röhrenbeute 117

Rückstände 100
Rühren, Honig 107

S
Schied 70, 94, 100
Schleudern 117
Schmelzen, Wachs 109
Schmelzkiste 109
Schwammtuch 60
Schwarm 44, 53, 117
Schwarmauslöser 52
Schwarmfalle 85
Schwarmfangkiste 53
Schwarmstimmung 41, 117
Schwarmverhinderung 52
Seihhonig 103
Seitenteile 88
Selbstbau 86
Seuchensperrgebiet 43
Sich stechen 117
Sieben, Honig 106
Sklenar, Freiluftschwarm 48
Smoker 79, 117
Sommerbehandlung 59
Sonnenwachsschmelzer 108
Spacer 19, 80
Spättrachtlücke 117
Spritzmethode 102
standbegattete Königin 63
Standbegattung 118
Standimker 117
Standortprägung 81
Starterstreifen 42, 110, 118
Stechmücken 78
Stock 118
Stockmeißel 35, 78
Stockmutter 118
Supersisters 63

T
Taranov, Freiluftschwarm 47
Thüringer Kartoffelpresse 105
Tracht 118
Tragehilfen 84
Tränke 77
Transporthilfen 83
Treibling 118
Trimmen 37
Tropfhonig 103

U

Überhitzung 38, 74
Umlarven 62
Umlarvlöffel 62
Umweltgerecht 10
Umweltschonend 10, 12
Umweltschutz 10
Umweiseln 65
Urban Beekeeping 8

V

Vandalismus 94, 118
Varroa, Behandlung 30
Varroadiagnose 57, 96
Varroa-Herbstbehandlung 70
Varroamilbe 41, 56
Varroa, Milbenbefall 118
Varroawindel 56
Verbrausen 118
Verflüssigen, Honig 107
Verflüssigen, Wachs 107
Verhalten, aggressives 41, 51
Vermehrung 30
Verstellen 82
Völkermanagement 55

W

Wabenabriss 37
Wabenbock 28, 118
Wabenerneuerung 30
Wabengasse 36
Wabenmaß 24
Wabenordnung 39
Wabenpflege 36, 39
Wabenstabilität 38
Wabentasche 119
Wachsbrücke 119
Wachskreislauf 108, 119
Wachsmotten 78
Wachsschmelzkiste 109
Wandern 21, 119
Wanderung 82
Wanderveranda 85
Warmbau 19, 93, 111, 119
Warrébeute 119
Warré-Beute 8
Wasser 77
Weisellosigkeit 41, 119
Weiselprobe 63

Weiselzellen 36, 119
Wesensgemäß 10, 12
Wespen 41, 71
Wildbau 37
Windschutz 74
Winterbehandlung 58
Winterfestigkeit 119
Wintersitz 70
Wohlgemuth-Zusetzkäfig 67

Z

Zarge 119
Zehrweg 20, 119
Zeichnen, Königin 65
Zucht 119
Zuchtstoff 61
Zuchtstopfen 119
Zuckergehalt, Honig 102
Zuckerlösung 71

Impressum
Bibliografische Information der Deutschen Nationalbibliothek
Die Deutsche Nationalbibliothek verzeichnet diese Publikation in der Deutschen Nationalbibliografie; detaillierte bibliografische Daten sind im Internet über http://dnb.d-nb.de abrufbar.

Das Werk einschließlich aller seiner Teile ist urheberrechtlich geschützt. Jede Verwertung außerhalb der engen Grenzen des Urheberrechtsgesetzes ist ohne Zustimmung des Verlages unzulässig und strafbar. Das gilt insbesondere für Vervielfältigungen, Übersetzungen, Mikroverfilmungen und die Einspeicherung und Verarbeitung in elektronischen Systemen.

© 2014 Eugen Ulmer KG
Wollgrasweg 41, 70599 Stuttgart (Hohenheim)
E-Mail: info@ulmer.de
Internet: www.ulmer.de
Lektorat: Dr. Eva-Maria Götz
Herstellung: Gabriele Wieczorek
Umschlagentwurf: red.sign; Anette Vogt, Stuttgart
Satz: r&p digitale medien, Echterdingen
Druck und Bindung: Graph. Großbetrieb Friedrich Pustet, Regensburg
Printed in Germany

ISBN 978-3-8001- 8070-7

Hier können Sie weiterlesen:

- **Der Praxisratgeber zur naturnahen Imkerei**
- **Natürliche Bienenhaltung in großformatigen Magazinbeuten**
- **Bienengerecht, rückenschonend, umweltfreundlich**

In diesem Buch erfahren Sie, wie naturnahe Imkerei in großformatigen Magazinbeuten mit nur einem Brutraum ganz leicht gelingt. Lernen Sie, nach einem Blick auf die Bienenbiologie und verschiedene Haltungssysteme, die Vorzüge solcher einräumigen Systeme kennen.

Das Buch erklärt empfehlenswerte Techniken zur Völkerpflege und -vermehrung im Bienenjahr und gibt hilfreiche Praxistipps und Tricks weiter: Schwarmfang mit Pfeil und Bogen, Varroabekämpfung mit der Brutscheune, Führung des Schieds, Methoden zur Bauerneuerung oder das Imkern im Naturbau.

Natürlich imkern in Großraumbeuten. Melanie von Orlow. 2., aktualisierte Auflage 2014. 144 Seiten, 32 Farbfotos, 16 Zeichnungen, kart. ISBN 978-3-8001-8290-9.

Ganz nah dran.

Steigen Sie um auf Bio!

- **Der Leitfaden zur naturgemäßen Imkerei**
- **Übersichten über die Voraussetzungen der Bio-Verbände für die Umstellung**
- **So gelingt der Umstieg zur Bio-Imkerei**

Ausgehend von den natürlichen Lebensabläufen der Wildbienen sowie dem Wunsch des Imkers, möglichst viel Honig zu produzieren, stellt dieses Buch Betriebsweise und Haltungsbedingungen vor, die zu gesunden Bienen führen.
Wenn Sie den Weg zur Bio-Imkerei weitergehen wollen, finden Sie Anregungen für die Umstellungsphase und die betrieblichen Abläufe. Übersichten der Richtlinien der EU und der Öko-Verbände helfen bei der Entscheidung, welchem Verband Sie sich dann anschließen oder ob Sie unter dem EU Siegel vermarkten möchten.

Bienen naturgemäß halten. Der Weg zur Bio-Imkerei. Wolfgang Ritter. 2014. 160 Seiten, 30 Farbfotos, 36 Zeichnungen, kart. ISBN 978-3-8001-3995-8.

 **Ganz nah dran.**

1 Größen, Einheiten, Toleranzen/Passungen, Werkstoffkennwerte   11

2 Urformtechnik (Gießen, Sintern, Abscheiden)   37

3 Umformtechnik   63

4 Trennen – Schneiden/Zerteilen, Spanen und Abtragen (Generieren)   112

5 Fügetechnik – Übersichten zum Schweißen und Schneiden, Löten, Kleben und zu sonstigen Fügeverfahren   258

6 Beschichten – Herstellung fest haftender metallischer und nichtmetallischer Schichten   315

7 Änderungen von Stoffeigenschaften – Härten, Glühen, Vergüten, Anlassen   324

8 Kalkulationen (Zeiten, Kosten, Preise, …); Arbeitsstudien und Investitionsrechnungen   337

T Anhang   343